航空发动机整体叶盘加工技术研究

张　楠　著

西北工业大学出版社

西安

【内容简介】　本书共 7 章，主要内容包括绪论、整体叶盘通道盘铣瞬时切削力预测模型、整体叶盘通道盘铣瞬时切削温度预测模型、整体叶盘通道盘铣刀具磨损机理研究、考虑刀具磨损的整体叶盘通道盘铣瞬时切削力和切削温度预测模型、整体叶盘通道盘铣工艺参数优化、总结与展望等。

本书可作为相关专业技术人员的自学参考用书。

图书在版编目（CIP）数据

航空发动机整体叶盘加工技术研究 / 张楠著.—西安：西北工业大学出版社，2022.11
ISBN 978-7-5612-8518-3

Ⅰ．①航…　Ⅱ．①张…　Ⅲ．①航空发动机-加工-研究　Ⅳ．①V232

中国版本图书馆 CIP 数据核字（2022）第 213811 号

HANGKONG FADONGJI ZHENGTI YEPAN JIAGONG JISHU YANJIU
航 空 发 动 机 整 体 叶 盘 加 工 技 术 研 究
张楠　著

责任编辑：付高明　杨丽云		策划编辑：张　婷	
责任校对：朱晓娟		装帧设计：许　康	

出版发行　西北工业大学出版社
通信地址　西安市友谊西路 127 号　　　　邮编：710072
电　　话　(029) 88493844，88491757
网　　址　www.nwpup.com
印 刷 者　广东虎彩云印刷有限公司
开　　本　787 mm×1 092 mm　　　　1/16
印　　张　9.5
字　　数　181 千字
版　　次　2022 年 11 月第 1 版　　　2022 年 11 月第 1 次印刷
书　　号　ISBN 978-7-5612-8518-3
定　　价　79.00 元

如有印装问题请与出版社联系调换

整体叶盘是新一代航空发动机的核心部件。由于其结构复杂、叶片弯扭大、通道窄、开敞性差且毛坯为难加工材料等原因，其制造技术属于国际性难题。世界各国都在寻求高效率、高质量、低成本的整体叶盘加工方法。为此，航空发动机高性能制造课题组结合理论研究与实际加工，提出了一种整体叶盘复合铣削工艺，即盘铣—插铣—侧铣复合加工。利用盘铣进行通道的大余量切除，其材料去除率占整体叶盘总材料去除率的 90% 以上，可以有效提高整体叶盘的加工效率。但由于盘铣过程中切削力大、切削温度高、切削振动大、刀具磨损严重，需要深入研究其切削机理，以实现高效率、低成本加工的目的。

本书以 TC17 整体叶盘通道盘铣加工为研究对象，应用经典切削理论、传热学理论、磨损机理及实验相结合的方法，探明了工艺参数对整体叶盘通道盘铣加工切削力的作用机制，揭示了整体叶盘通道盘铣加工切削温度分布规律，阐释了刀片失效演变规律及磨损机理，探索了刀具磨损对整体叶盘通道盘铣加工的切削力和切削温度的影响规律，分析了影响加工效率的关键工艺参数并进行了优化。本书的研究内容有以下几点：

第一，探明了工艺参数对整体叶盘通道盘铣加工切削力的作用机制，构建了考虑刀具径向跳动的盘铣刀瞬时切削力预测模型和瞬时未变形切屑厚度模型，提出了盘铣刀径向跳动量识别方法；应用经典斜角切削理论构建了瞬时切削力系数计算模型，确定了瞬时切削力系数的标定方法；通过实验验证了瞬时切削力模型的有效性。

第二，探索了整体叶盘通道盘铣加工切削温度分布规律，基于傅里叶热传导理论及移动热源法建立了盘铣刀瞬时温度预测模型，应用格林函数获得了该模型的解析解；通过理论计算确定了刀-屑接触长度、热流密度值和热量分配系数，为刀具温度的计算提供了热源模型；揭示了切削速度和每齿进给率对刀片温度分布的影响规律；研究了切削斜角和直角通道刀片温度分布差异；应用红外热像仪采集刀片切削温度，验证了温度预测模型的准确度。

第三，通过实验分析了不同工艺参数（切削速度、每齿进给率、刀盘旋转角度）刀片的失效演变过程，阐释了硬质合金涂层刀片失效演变规律及磨损机理;揭示了切削速度和每齿进给率对刀片磨损的影响规律;探索了相同切削速度和每齿进给率条件下,切削斜角通道与直角通道刀片的磨损差异;根据磨损机理构建了基于温度效应的后刀面磨损预测模型,并进行了验证实验。

第四,阐明了刀具磨损对整体叶盘通道盘铣切削力和切削温度的影响规律;构建了考虑刀片后刀面磨损的瞬时切削力预测模型,提出了摩擦强度系数的标定方法;建立了考虑后刀面磨损的刀片瞬时温度预测模型,将后刀面摩擦热源与刀-屑摩擦热源相结合,通过理论计算得到了进入刀具的热流密度值和热量分配系数;应用不同磨损量的刀片进行加工实验,证明了切削力和切削温度预测模型的准确性。

第五,分析了影响加工效率的关键工艺参数,将材料去除率作为约束,以刀具寿命为目标变量,应用径向基神经网络与粒子群优化算法在工艺参数范围内寻找了最优工艺参数;研究表明,在满足材料去除率大于 $200mm^3/s$ 的情况下,切削速度为 75.19m/min、每齿进给率为 0.022 7mm/z,在常用工艺参数范围内有最优的刀具寿命154.48min;验证了寻优结果的正确性。

本书由张楠著。在编写本书的过程中,笔者参阅了大量文献和资料,在此向这些作者表示感谢。

由于笔者水平有限,书中难免有不妥之处,敬请读者批评指正。

著 者

2022 年 8 月

第1章 绪 论

1.1 研究背景和研究意义

整体叶盘是新一代航空发动机的核心部件。整体叶盘的应用是航空发动机提高性能、简化结构、降低重量、减小故障率、提高耐久性与可靠性的重要举措,对我国第四代战机、大型运输机等重点型号的研制和生产具有重要意义。常见发动机整体叶盘结构如图 1-1 所示。

图 1-1 整体叶盘

目前,国内在整体叶盘加工方面多采用五坐标机床,难以满足整体叶盘零件的高效率、低成本制造要求。尤其在其粗加工阶段,材料去除率大,刀具磨损严重,导致加工周期长、效率低、成本高。大量国内整体叶盘加工经验表明:现有整体叶盘粗加工装备与工艺技术已经成为制约整体叶盘批量生产中高效率、低成本制造的难题。资料显示,某新型航空发动机一级风扇整体叶盘的制造,开槽粗加工材料去除量约占 90%,使用进口通用五坐标加工中心,即使采用先进的插铣工艺技术,开槽粗加工仍需 40~50 天时间,加工效率极其低下,已经很难适应国内航空发动机的批量化生产的需求,严重制约了我国新一代航空发动机技术进步和自主创新,限制了我国航空工业跨越式发展和国民经济的可持续发展。因此,开展整体叶盘高效数控铣削加工工艺技术研究,对实现整体叶盘高效率、低成本加工,满足批量化生产,非常迫切和需要。

为了满足航空发动机批量化生产的需求,本课题组提出了一种复合加工方法,即将盘铣、插铣、侧铣复合铣削,如图 1-2 所示。将盘铣、插铣、侧铣三种工艺集成于一台设备中,开发出整体叶盘复合铣削机床,如图 1-3 所示。该机床的铣削过程如下:①应用盘铣切削叶盘通道,提高材料去除率;②利用插铣对盘铣不可加工区域进行扩槽与曲面成形;③使用侧铣实现除棱清根。在整体叶盘通道粗加工中,材料去除量最大,占切除总量的 90% 以上,因此,盘铣对整体叶盘通道粗加工效率提高影响显著。近几年的加工实验及理论研究表明:盘铣开槽粗加工效率约是现有加工工艺效率的 3 ~ 4 倍,显著降低了生产成本。

图 1-2 整体叶盘复合铣加工过程

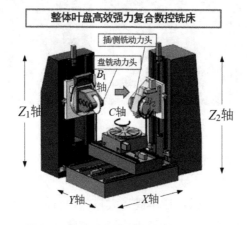

图 1-3 整体叶盘高效强力复合数控铣床

由于盘铣材料去除率大,广泛应用于制造领域,因此将盘铣应用到整体叶盘加工中是一种新思路,基于整体叶盘通道窄而深且形面复杂、弯扭大的特点,整体叶盘盘铣与普通盘铣差异显著。整体叶盘毛坯一般由钛合金、高温合金等难加工材料锻造而成,其中钛合金具有导热率小、弹性模量小、化学活性及化学亲和性大等特征,在加工过程中产生的热量不易散发出去,导致切削温度特别高,极易产生黏刀,造成刀具磨损加剧;由于材料去除率大,切削通道深,切削过程中的切削力较大。因此,探索整体叶盘盘铣的瞬时切削温度、瞬时切削力、刀具磨损及寿命,阐释整体叶盘盘铣切削机理对提高加工效率、降低制造成本、延长刀具使用寿命、避免颤振等具有十分重要的意义。盘铣用于整体叶盘通道加工尚属于摸索阶段,对于加工参数效率高、制造成本低,仍需要深入探索,优化整体叶盘通道盘铣的工艺参数对实际加工具有重要的指导意义。

因此,本研究以 TC17 整体叶盘通道盘铣加工为研究对象,采用理论研究和实验相结合的方法,开展 TC17 整体叶盘通道盘铣加工机理及工艺参数优化研究。从盘铣工艺过程的切削力学分析入手,考虑刀具径向跳动对切削的影响,建立整体叶盘通道盘铣瞬时切削力预测模型;基于傅里叶热传导理论,应用移动热源模型对整体叶盘通道盘铣加工过程中的切削温度进行研究;从刀具失效演化过程入手,分析整体叶盘通道盘铣加工过程中的刀具失效形式及磨损机理,揭示工艺参数对刀具磨损的影响规律;考虑刀具磨损对切削力和切削温度的影响,建立整体叶盘通道盘铣切削力和切削温度预测模型;对盘铣工艺参数进行优化,为提高整体叶盘加工效率和降低加工成本提供理论指导和工程借鉴。

1.2 国内外研究现状

1.2.1 整体叶盘加工工艺研究现状

整体叶盘具有减重、减级、高推重比、高可靠性等优点,使其广泛应用于新一代先进航空发动机中。但由于其结构复杂、通道窄、开敞性差且毛坯为难加工材料等原因,其制造技术属于国际性难题,被称为制造业皇冠上的明珠。世界各国都在寻求高效率、高质量、低成本的整体叶盘制造技术。

目前,数控加工、电解加工、线性摩擦焊等是相对成熟的整体叶盘加工技术。此外,还有精密铸造、激光切割、水射流切割等新技术,但这些技术目前仍处于探索阶段。

数控加工具有反应快速和可靠性高的特点,可以确保整体叶盘型面精度,因此成为应用最广泛的整体叶盘制造技术。美国航空发动机制造商 GE 公司(General Electric Company)于 20 世纪 70 年代末,采用五坐标数控铣床加工 T700 航空发动机整体叶盘。英国的罗尔斯·罗伊斯(罗·罗)公司采用五坐标数控设备进行整体叶盘的加工。瑞士 Liechti Engineering AG 公司对数控铣削设备进行研制，并且成功应用到整体叶盘的加工中。目前美、英、俄等工业发达国家都在加紧研究高效、经济的整体叶盘加工工艺与装备，同时对我国实行严密的技术封锁。

中国燃气涡轮研究院、西北工业大学、北京航空制造工程研究所和中航工业430 厂都进行了五轴数控加工整体叶盘技术的相关研究。中国燃气涡轮研究院利用 UG 软件自带光顺曲线和曲面的功能，解决了五轴数控机床加工曲面精度差的难题。20 世纪 90 年代初西北工业大学开始探索整体叶盘数控加工技术，在通道加工区域划分、刀位轨迹优化、加工变形、刀具振动、加工精度等方面取得了突破性进展，提高了整体叶盘的加工效率和精度。

（1）电解加工。电解加工技术是利用电化学阳极溶解原理去除金属材料的加工技术，适合于加工难加工材料、叶片薄且通道深而窄的整体叶盘，是一种无刀具损耗且无残余应力的高效、低成本的加工技术。数控电解加工技术的加工精度一旦能满足整体叶盘的精度要求，加之突出的高效率，将为解决多轴数控铣削难加工或不能加工的整体叶盘（如带冠整体涡轮）提供重要的技术手段。

美国 GE 公司在 20 世纪 80 年代应用数控电解技术加工制造了 T700 钢制整体叶盘，随后又加工了 F22 的发动机钛合金整体叶盘和 F414 的发动机高温合金整体叶盘。德国 MTU（Motoren-und Turbinen-unio Friedrichshafen GmbH）公司于 21世纪初将精密振动电解加工技术成功地应用于 EJ200 高温合金整体叶盘加工中，无须后续的表面处理技术就可达到整体叶盘精度要求。南京航空航天大学从 20世纪 80 年代开始探索了电解加工整体叶盘技术，研究了"直线刃"阴极数控展成电解加工技术，完成整体叶盘通道和型面的加工，并开发了拥有自主知识产权的数控电解加工机床及编程软件，将其应用于实际生产中，取得了良好的应用成果。北京航空制造工程研究所对脉冲电解加工技术做了深入的探索，完成了压气机超薄弯扭叶片的加工，达到了近无余量加工的水平。

（2）线性摩擦焊。线性摩擦焊是一种固相焊接方法，焊缝是性能优异的锻造组织，可焊接材料种类多，可实现特殊结构和不同类型材料的焊接。工件的两个配合面通过高频振荡产生摩擦加热区，通过材料扩散使两个配合面焊接在一起。

美国普惠公司生产的 F119 的 1 级空心风扇整体叶盘、6 级高压压气机整体叶盘以及英国罗·罗公司加工的 EJ200 发动机的 3 级低压压气机的整体叶盘是线性摩擦焊接技术成功应用的代表。北京航空制造工程研究所从 20 世纪 90 年代末期开展了线性摩擦焊技术和关键设备研究，取得了丰硕的成果，为该技术的成功应用奠定了良好的基础。

1.2.2 切削力预测模型研究现状

（1）不考虑刀具磨损的切削力预测模型。切削力是加工过程中一个重要的特征参数。构建准确的切削力预测模型对提升制造效率、减少刀具磨损、抑制颤振等有着十分重要的意义。切削力的计算方法常采用数值积分法。该方法首次由 Martellotti 提出，首先把切削刃离散化，将各个微元刀刃上的切削力累加求得单齿切削力，然后将单齿切削力累加得到总切削力。该方法是应用最广泛的切削力模型，后来学者对切削力模型的研究大多数都是以该模型为基础的。

国内的学者在此方面取得了一些成果。2010 年，西北工业大学的党建伟构建了一种新颖的平头立铣刀切削力模型，该模型同时考虑侧刃和底刃对总切削力的影响，并把侧刃的瞬时铣削力系数表示成瞬时未变形切屑厚度的指数形式，应用非线性最小二乘法对其进行识别，将底刃切削力系数表示为常数；当轴向切深较小时，底刃切削力对总切削力有显著影响。2011 年，山东大学的王启东等考虑走刀间距对切削区域的影响，采用几何分析法建立了球头铣刀瞬时切削力模型，通过实验验证了该模型的有效性与准确性。2012 年，西北工业大学的万敏等考虑平头铣刀底刃的切削力作用，构建了三元力学模型，该模型把切削力分为了三部分即剪切力、后刀面摩擦力和底刃切削力，并提出了一种快速、有效的切削力系数和刀具跳动参数的标定方法。2013 年，大连理工大学的魏志春等建立了一种适合于任意刀具路径的三轴球头刀铣削力预测模型；基于改进 Z-map 方法，构建了曲面加工中刀具-工件界面和瞬时内切边缘段的计算方法；提出了考虑刀具参数影响的切屑厚度模型；通过实验验证了三种模型的有效性。2014 年，湖南工业大学的李忠群等在定量描述切削区域的基础上，提出了一种考虑刀具侧刃和前刃影响的螺旋铣动态切削力预测模型，该模型可以预测不同切削参数下的切削力。2015 年，中国科学院自动化研究所的曲胜等构建了平头铣刀圆形铣削的切削力预测模型，通过计算工件与铣刀的时变交点确定了切入与切出角，并研究了铣刀轨迹曲率效应对瞬时切屑厚度的影响规律；验证试验表明预测值与试验测量值吻合度较高。

国外的学者此方面研究起步较早，已经形成了系统的理论方法。1961 年，英国曼彻斯特科技学院的 Koenigsberger 和 Sabberwal 提出了集成力学模型的切削力研究方法，他们认为切削过程主要是剪切作用，假设切削力与切屑面积成正比，切削力和切屑面积之间的比例系数称为切削力系数。1966 年，Thomsen 发现当切屑面积为零时，切削力不为零。1995 年，美国密西根科技大学的 Endres 等把这种现象归因为后刀面的摩擦作用，二元力学模型被发展起来，在这种力学模型中剪切力和后刀面摩擦力用不同的切削力系数表示，分别与切屑载荷和切屑长度成正比。这两类力学模型都需要确定切削力系数，目前使用最广泛的切削力系数确定方法是通过一些特殊的实验进行标定。这种方法首先是由 1982 年美国伊利诺斯大学厄本纳-香槟分校的 Kline 等提出的，他们根据立铣刀的几何特点建立了力学模型，认为切削力系数是常数并通过一系列实验确定了切削力系数。随后，1984 年英国伯明翰大学的史宏明等和 1991 年加拿大英属哥伦比亚大学的 Altintas 等把切削力系数表示成平均未变形切屑厚度的多项式和指数形式。1997 年，美国普渡大学的 Shin 和 Waters 等提出了一种瞬时切削力系数的标定方法，该方法提高了切削力的预测精度，简化了标定过程；瞬时切削力系数考虑尺寸效应，能更真实地反映实际加工过程中切削力的变化情况。同年清华大学的程鹏杰等针对端面铣削过程的切削力也采用了瞬时切削力系数，并通过实验阐释了切削参数对瞬时切削力系数的作用规律，有效地提高了切削力预测精度。2001 年，韩国浦项科技大学的 Yun 和 Cho 使用了一种新方法来标定圆柱立铣刀的瞬时铣削力系数和刀具跳动；2005 年，该校的 Hoonko 和 Cho 等构建了一种考虑刀具挠度和跳动且不依赖切削条件的球头铣刀瞬时切削力模型；提出了一种简单、快速的标定瞬时切削力系数的方法，提高了球头铣刀切削力预测精度。2015 年，加拿大英属哥伦比亚大学的 Khoshdarregi 和 Altintas 建立了多点螺纹车削加工的通用切削力模型，切屑的横截面由当前和前一刀齿的螺纹轮廓以及刀具的进给量所决定；将切屑沿切削刃进行离散化，考虑有效斜切角和切屑厚度的变化，计算各单元的切削力系数；通过在齿面坐标系中求解基本力，沿啮合齿面积分得到总切削力；经实验验证，该模型可用于预测自定义螺纹轮廓的多点车削的切屑形貌和切削载荷分布。2015 年，波兰波兹南工业大学的 Wojciechow 构建了一种考虑加工表面倾斜角和刀具径向跳动的球头铣刀切削力预测模型；提出了一种基于不同曲面倾斜角的球头铣刀瞬时切削力系数标定方法；实验表明，加工表面倾斜角和刀具径向跳动对切削力有很大影响，该模型可以在较大的切削范围内预测切削力，相对误差小于 16%。2016 年，瑞典隆德大学 Svahn 等考虑齿轮毛坯边界，提出了齿形铣削过程中切削力的预测模型；通过比较刀具路径与已去除材料确定切屑几何形状，建立了考虑刀具偏心和跳动的切屑几何模型；验证实验表明，该模型可以准确预测切削力的形状，切削力峰值误差在 12% 以内。

综上所述，国内外学者针对立铣刀、球头铣刀、螺纹车削、齿轮铣削等的瞬时切削力预测模型已经进行了深入的研究和全面的分析，并且很多模型中考虑了径向跳动和振动对瞬时切削力的影响，但现有的大多数切削力预测模型都是针对精加工和小切深的，这样的模型是否适用于粗加工和大切深的加工方式还有待研究。另外，现有模型针对镶齿大直径刀具的切削力研究较少，还需要深入的分析。

（2）考虑刀具磨损的切削力预测模型。上述的研究都没有考虑刀具磨损对切削力的作用，而在实际切削中刀具磨损对切削力有较大影响。后刀面磨损后，形成磨损带，在加工过程中，磨损带与工件的接触区域增大，摩擦力随之增大。因此，切削力的预测模型中不能忽略刀具磨损的影响。

国内外的学者在此方面也做了一些研究。2005 年，美国克莱姆森大学的Huang 和 Liang 首先考虑刀具几何模型影响建立了斜角二维车削力（切屑形成力）模型，并利用遗传算法对切削力系数进行了评估；然后将二维车削力模型扩展为考虑刀具后刀面磨损的三维车削力模型，该模型是后刀面摩擦力和切屑形成力的线性叠加；最后实验验证了该模型的正确性。2008 年，美国克莱姆森大学的 Georges 等基于滑移线的塑性理论，提出了考虑刀具后刀面磨损和前刀面月牙洼磨损联合作用的二维和三维车削力模型。2013 年，山东大学的孙玉晶等考虑刀具后刀面的磨损影响，构建了整体硬质合金立铣刀铣削 TC4 的切削力模型；通过实验研究了刀具后刀面磨损与切削力的关系，并与预测结果进行了对比；研究结果表明，该模型可以精确的预测刀具后刀面磨损后的切削力。2016 年，印度卡马信息技术研究所的 Chinchanikar 和 Choudhury 建立了考虑刀具后刀面磨损的硬质合金刀具斜角车削淬硬钢的切削力模型；无磨损刀具的切削力和仅由后刀面磨损引起的摩擦力构成刀具磨损后的切削力；将华尔道夫的正交力建模方法扩展到后刀面磨损引起的切削力建模分析中，应用等效的切削刃几何代替实际的刀具切削刃半径；应用多涂层硬质合金刀具车削不同硬度的淬硬钢验证了所提出模型的精确性。2021 年，河南工业大学的高国富考虑超声振动对切屑流动角的影响构建了基于刀面磨损的超声-扭转超声铣削切削力模型，并与常规铣削进行了比较。

现有的考虑刀具磨损的切削力预测模型中，大多数都是针对车削加工的。考虑刀具磨损的车削加工的切削力由锋利刀具的切削力和后刀面磨损引起的摩擦力两个部分组成，并对这两个部分进行线性叠加。而考虑刀具磨损的铣削加工切削力模型寥寥无几，有待进一步的研究与探索。

1.2.3 瞬时切削温度研究现状

钛合金由于导热率低，加工过程中产生的切削热不易散出，导致切削温度极高。切削温度是加工过程中一个重要的物理量，准确建立温度预测模型并阐明其分布规律是金属切削领域一直探索的目标。由于热力耦合的作用，在工件表面形成一个高温、高应力区域，使加工表面完整性下降、工件表面热应力集中，直接影响工件的服役性能；由于钛合金化学活性大，在高温作用下，极易产生粘刀，造成刀具磨损加剧，刀具使用寿命缩短，从而使制造成本增加。因此，揭示温度分布规律对提高加工表面质量、准确预测刀具磨损量、延长刀具使用寿命等具有重要的意义。国内外学者对切削温度分布模型的研究取得了卓有成效的进展。

2014 年，华中科技大学的李林文将薄膜热电偶嵌入刀片中，实现硬车削温度的实时原位测量，提高了测量精度；通过分析热力耦合作用，考虑第二变形区切削材料滞留的影响，建立了切削温度分布解析模型；实验表明，该模型的预测值与测量值吻合度较高。2014 年，焦丽等基于移动热源法建立了端面铣削表面温度场模型，将移动热源简化为有限长旋转线热源，采用半人工热电偶进行了温度采集；实验结果表明，预测温度和测量温度具有较好的一致性。2014 年，范晶晶等首先基于传热学和金属切削机理建立了高速车削温度的热传导模型，并通过解析法求解热传导方程；然后应用人工热电偶测量切削温度，推导出表面热流，并通过仿真软件得到温度分布情况；最后应用红外热像仪测量切削温度验证了模型及温度分布的正确性。2015 年，山东大学的姜芙林应用多通道热电偶测量高速断续切削过程中的温度；构建了高速断续切削刀具和工件瞬时温度理论预测模型，并获得了刀具温度的解析解和工件温度的分布规律；通过高速铣削四种不同的工件材料验证了刀具和工件温度预测模型的准确性。2015 年，华中科技大学的杨升应用瞬时有限大面热源叠加法，只考虑剪切作用对切削温度的影响，对超高强度钢环形刀切削温度场进行了分析与建模。2017 年，山东大学的张静婕针对涂层刀具车削淬硬钢，分析了考虑剪切热源和刀具-切屑摩擦热源共同作用的前刀面温度和刀具内部温度分布规律，揭示了涂层厚度及材料对切削热分配的作用机制。

国外的学者也在此方面积累了丰硕的成果。2000 年，美国俄克拉荷马州立大学的 Komanduri 和 Hou 应用镜像热源法分别建立了只考虑剪切面作用的切削温度预测模型、只考虑切屑和前刀面摩擦作用的切削温度预测模型与考虑剪切面和摩擦联合作用的切削温度预测模型，并对上述模型进行了求解与验证，形成了著名的 Komanduri 和 Hou 切削热模型，后续很多学者的研究都基于此模型。2011 年，意大利米兰理工大学的 Pittalà 和 Monno 构建了一种新的钛合金铣削温度预测模型，通过红外摄像机测量铣削温度，并应用有限元模型验证了温度预测模型的正确性，该模型有助于改善刀具性能、优化冷却液用量和分析涂层性能。2012 年，法国保罗魏尔伦大学的 List 等利用 Abaqus TM 模型对高速铣削的切削界面温度及其相关的月牙洼磨损机理之间的关系进行了研究，详细分析了影响前刀面温度分布的机械和热参数，并构建了一种基于初步分析计算确定刀具与切屑间的摩擦剪切应力和热分配系数的方法，以 60m/min 低碳钢正交切削实验验证了模拟值与测量值之间的一致性。2013 年，阿尔及利亚奥兰科技大学的 Karas 等基于 Komanduri 和 Hou 模型，构建了正交金属切削温度模型，分别确定了刀具-切屑-工件的温度分布模型；通过在刀具-切屑-工件三个界面上确定温度分布情况，得到了工件、刀具的温度场分布规律；该模型在同一个坐标系中可以实时预测整个刀具-切屑-工件的全局温度分布情况，在该区域内实现了用等温线形式表示温度分布；通过实验验证了该模型的正确性。

以上的研究大多数只考虑剪切热源和刀具-切屑摩擦热源对工件和刀具温度场的影响，而忽略了刀具后刀面磨损带热源对工件和刀具温度场的影响。新刀具初始切削时，切削刃"完全锋利"，与工件的接触区域较小，随之产生的摩擦力和摩擦热也较小，对刀具和工件的温度场影响很小，可以忽略不计。随着刀具后刀面磨损加剧，与工件的接触区域逐渐变大，摩擦力和摩擦热也逐渐增大，对刀具和工件的温度分布影响较大。在温度预测模型中忽略刀具磨损带热源影响，预测结果与测量结果将产生较大偏差。因此，构建考虑刀具后刀面磨损带热源的切削温度模型更符合切削机理与实际加工情况，可以有效提高切削温度的预测精度。

1.2.4　钛合金加工刀具磨损机理

刀具磨损是铣削、钻削、车削加工过程中不可避免的现象。钛合金是典型的难加工材料，导热率低，切削中极易发生粘刀，刀具磨损严重。国内外研究者一直致力于钛合金加工刀具的失效形式和磨损机理的研究，并取得了卓有成效的进展。

2011 年，南京航天航空大学的刘鹏探索了超硬 PCD（Polycrystaline diamond）刀具和硬质合金刀具高速铣削 TA15 的刀具磨损机理；硬质合金刀具的主要磨损形式为磨粒磨损、黏结磨损和扩散磨损，扩散磨损是工件材料向刀具材料中的扩散；PCD 刀具主要的磨损机理为黏结磨损和刀具内部扩散磨损，刀具内部的碳和钴扩散，形成了内部的贫钴区，使刀具结合强度下降，磨损加剧。2013 年，山东大学的李安海基于热-力-化学多场耦合作用机理对涂层硬质合金刀具高速铣削 TC4 时的刀具失效演变过程进行了探索；揭示了刀具从微观变形到宏观失效的演变过程，并分析了刀具失效过程中切削温度和切削力的变化规律；通过深入研究刀具的前刀面和后刀面的失效形式和磨损机理，得出了刀具的失效是由涂层剥落、黏结磨损、磨粒磨损、扩散磨损、氧化磨损和热-机械疲劳的综合作用所致。2016年哈尔滨科技大学的张余华等分析了球端铣削斜面和曲面时切削参数和曲面曲率对刀具磨损的影响；应用正交实验和最小二乘法建立了刀具磨损预测模型；实验发现，加工曲面时，凸面由小曲率变大，凹面由大曲率变小可以有效提高刀具寿命，为延长刀具寿命提供了可参考的方向。2016年，北京航天航空大学的白达山等研究了 WC/Co 刀具加工高强度钛合金 TB6 的刀具磨损；详细分析了不同切削速度下刀具的磨损形式和磨损机理，刀具前、后刀面的主要磨损形式分别为月牙洼磨损和切削刃附近的微晶化，磨损机理为黏结磨损、扩散磨损和磨粒磨损；WC粒子团从 Co 黏结剂中沿晶界被拉出，导致了黏结磨损并留下了晶间断裂面；刀具的成分扩散到黏结材料中被切屑带走，导致 WC 颗粒的穿粒溶解；黏结在切屑背面的颗粒可能引起刀具前刀面的磨粒磨损。2020年，广东工业大学的刘杰等研究了 AlTiN 涂层和 TiAlSiN 纳米复合涂层硬质合金刀具干铣削 TC4 的加工性能和磨损行为；两种涂层刀具的磨损形式包括均匀的后刀面磨损、平滑磨损、涂层和基体材料剥落、月牙洼磨损和沟槽磨损；磨损机理包括黏结磨损、扩散磨损、氧化磨损和裂纹，其中黏结磨损和氧化磨损为主要的磨损机理；当切削速度为150m/min 和 200m/min 时，TiAlSiN 涂层刀具的寿命比 AlTiN 涂层分别长 32%和66%；与 AlTiN 涂层相比，TiAlSiN 涂层刀具有更好的力学性能和抗氧化能力，在干铣削 TC4 过程中切削性能更好，热裂纹更少，切屑更小、更均匀。

2012 年，瑞典乌普萨拉大学的 Odelros 通过在山特维特公司进行的切削实验深入研究了钛合金车削过程中无涂层 WC/Co 刀具的磨损机制；研究发现，低速（30~60m/min）车削时，刀具切削刃产生倒角，并在前刀面顶部的磨损区域产生工件材料的堆积层，主要的磨损机理为黏结磨损；高速（90~115m/min）车削时，月牙洼磨损是主要的磨损形式，扩散磨损是前刀面磨损的主要机制，磨损率和切削速度成线性关系。2013 年，澳大利亚科延大学的 Pramanik 等系统分析了不同刀具（CBN（Cubic Boron Nitride）刀具、PCD 刀具、陶瓷刀具、硬质合金无涂层和硬质合金涂层刀具）铣削钛合金的加工机理和刀具磨损机理；针对不同刀具，刀具的磨损原因包括涂层分层（有涂层刀具）、黏结、磨粒磨耗、扩散、塑性变形和热裂纹，其中扩散磨损和黏结磨损是导致刀具失效的主要原因，磨粒磨损是低速切削时硬质合金刀具后刀面磨损的主要磨损机制。2015 年，法国巴黎国立高等技术学校的 Ayed 等研究了传统冷却与高压冷却剂辅助冷却粗、精加工 TC17 的刀具磨损机理，以揭示无涂层硬质合金刀具磨损的演化规律；研究结果表明，无论粗、精加工，传统冷却与高压冷却剂辅助冷却的刀具磨损机理完全不同，高压冷却剂辅助加工都能延长刀具的使用寿命；精加工时，传统冷却刀具主要的磨损机理为后刀面的磨粒磨损，高压冷却剂辅助冷却刀具磨损机理为前面的黏结磨损并伴随磨粒磨损和化学磨损；粗加工时，传统冷却和高压冷却剂辅助冷却刀具主要的磨损机理分别为塑性变形引起的刀具崩刃、沟槽磨损和月牙洼磨损。2015 年，德国的多特蒙德大学的 Biermann 等对两种钛合金的深冷加工进行了研究，研究结果表明，低温条件下两种钛合金的加工性能有所不同；加工 TC4 时，采用 CO_2 的低温冷却可以延长刀具使用寿命；加工高强度钛合金 Ti-6Al-2Sn-4Cr-6Mo 时，使用 CO_2 的低温冷却对刀具使用寿命影响较小，辅助最小油量润滑，可以有效延长刀具使用寿命。

综上所述，研究人员对 PCD 刀具、BCBN 刀具、硬质合金刀具、硬质合金涂层刀具、单晶金刚石刀具、陶瓷刀具高速铣削钛合金和车削加工钛合金的失效形式和磨损机理进行了较全面、深入的研究，但镶齿大直径铣削刀具中低速铣削 TC17 的刀具失效形式和磨损机理的研究鲜有报道。

1.2.5　钛合金工艺参数优化研究现状

钛合金材料广泛应用于航空航天领域，但由于航空航天类的零件大部分是薄壁件，材料去除率大且材料加工难度大，因此在铣削过程中切削力大，切削温度高，容易引起机床振动、刀具颤振、刀具磨损加剧、加工效率下降等。因此在铣削过程中，需要综合考虑刀具寿命与加工效率之间的关系。在机床、刀具、工件材料、铣削方式、工艺路线等确定之后，加工参数决定了铣削效果，选择合理的工艺参数组合，对加工效率的提升起着至关重要的作用。在加工参数优化方面，国内外学者应用了多种优化理论及方法，包括遗传算法（GA）、粒子群算法（PSO）、响应曲面法（RSM）、灰色关联分析法（GRA）、人工神经网络法（ANN）、支持向量机法（SVM）等，取得了良好的应用效果。

2012 年，台湾南开工业大学的 Wang 等基于正交实验利用灰色关联分析，以刀具电极磨损率、工件材料去除率和工件表面粗糙度为目标变量，对绿色电火花加工钛合金的工艺参数（峰值电流、开路电压、提升高度、脉宽、脉冲间歇）进行寻优；实验结果表明，该方法寻找到的工艺参数组合在保证表面粗糙度的基础上能有效降低刀具电极磨损率、提高工件材料去除率。2012 年，沈雪等优化了

Ti6Al4V 在管状石墨电极高速干电火花加工中的加工参数，以最小能耗和最大材料去除率为目标变量应用灰色关联理论寻找最优的气压、电极转速、电流等工艺参数。2014 年，西安科技大学的曹延东等结合 BP（back propagation）神经网络与遗传算法对整体叶片加工过程的工艺参数进行优化，优化后的加工参数可改善加工质量和效率，并为加工参数选择节约了时间。2015 年，西北工业大学的黄天然等研究了钛合金整体叶盘通道盘铣加工的表面残余应力与切削三要素的关系，应用支持向量机法以最小残余应力为目标，对切削参数进行寻优；通过方差分析研究了切削三要素对残余应力的影响程度，从强到弱依次为铣削速度、切削速度、切削深度。2018 年，西北工业大学的任军学等集合灰色关联度分析和田口法研究了立铣刀几何参数对铣削 Ti-5Al-5Mo-5V-1Cr-1Fe 钛合金表面粗糙度的影响；研究结果表明，刀具几何参数对表面完整性的影响次序为径向前角、主径向后角和螺旋角。

国外学者对此也做了大量的研究，并积累了许多成果。2012 年，美国罗格斯大学的 Thepsonthi 等研究了微铣削 TC4 的加工参数对表面粗糙度和毛刺形态的影响；研究发现，每齿进给率和轴向切深分别是毛刺形态和表面粗糙度的重要影响因素，不同于传统加工，表面粗糙度随着每齿进给率的增加而减小。2014 年，纳纳马尼技术学院的 Palanisamy 等基于正交实验应用灰色关联分析对了电火花加工 TC4 的工艺参数进行优化，以材料去除率、电极磨损率和表面粗糙度等多个响应为目标变量，对峰值电流、脉冲通断时间和脉冲关断时间进行检验和优化；实验结果表明，该优化方法得到的工艺参数可以有效提高电火花加工效率。2018 年，沙特国王大学的 Abidi 等采用多目标遗传算法对电火花加工镍钛基形状记忆合金材料的工艺参数进行优化；钨电极在中电容和低放电电压时，可以获得较高的材料去除率和良好的表面光洁度，而黄铜电极可以获得较高的材料去除率，但加工质量和电极磨损率都不理想；研究结果表明，遗传算法是有效的多目标参数标优化工具。2014 年，印度安娜大学的 Prasannan 等应用灰色关联分析和线性回归法优化了微孔钻削 TC4 的加工参数，主轴转速和空气压力对孔表面质量有重要影响。2019 年，Rayat-Bahra 大学的 Singh 等利用田口 L27 方法设计实验方案，在微量润滑条件下，利用层次分析法等不同的多属性决策方法，开展了 27 组硬质合金刀具车削 TC4 的实验，采用理想溶液相似度排序技术和单加权法，在一定的约束条件下提取优化的 TC4 车削加工参数，最终得到了加工参数优化集。

然而，在钛合金车削、铣削、电火花、微铣削等工艺参数优化方面已经取得了丰硕的成果，但针对钛合金整体叶盘的工艺参数优化却很稀少，需要进一步的研究和分析，为钛合金整体叶盘通道粗加工提供工程借鉴。

1.3 尚存在的问题

由上述分析可知，对于钛合金的切削机理、瞬时切削力模型、瞬时切削温度模型等，学者已经做了大量深入的研究，钛合金加工过程的多目标优化也取得了丰硕的成果。整体叶盘通道盘铣加工是一种新的加工思路，由于盘铣过程中材料去除率大，引起了较大的切削力、较高的切削温度和切削振动，这样大的切削力、高的切削温度和振动会对加工质量和效率产生什么样的影响，需要深入研究。此外，整体叶盘通道盘铣切削机理及较优的工艺参数也属于摸索阶段。本课题组的人员针对钛合金整体叶盘通道盘铣加工过程中的表面变质层影响机理、刀具磨损、工艺参数优化、盘铣刀结构优化等做了初步研究。但钛合金整体叶盘通道盘铣加工过程中的瞬时切削力、瞬时切削温度场、刀具磨损及寿命、工艺参数优化等方面还没有形成系统的理论与方法，尚有以下问题需要进一步深入探索：

（1）瞬时切削力预测。盘铣刀常用于切直角槽，整体叶盘由于叶片型面复杂、弯扭大，且通道窄而深，因此在盘铣过程中不能直角切入，需要刀盘旋转一定角度切削斜角槽，刀具轴向切削力较大。因此，需要建立整体叶盘通道盘铣加工瞬时切削力模型。

（2）瞬时切削温度预测。钛合金导热系数低，加之整体叶盘通道开敞性差，使得整体叶盘通道盘铣过程中的热量很难散发出去，瞬时切削温度特别高，导致加工质量降低、刀具磨损加剧。建立精确的刀具瞬时切削温度预测模型对加工过程至关重要。

（3）盘铣刀刀片失效形式和磨损机理。由于整体叶盘通道窄而深，用于加工整体叶盘通道的盘铣刀和普通的盘铣刀不同，刀盘直径较大，刀片采用三排错齿排列方式，且刀片数量多。刀片位置不同，刀片的磨损存在差异。针对此类型的盘铣刀需要对刀片的失效演变过程和磨损机理进行深入的研究与探索。

（4）考虑刀具磨损的瞬时切削力和切削温度预测模型。刀具磨损后对切削力和切削温度的影响是很大的，针对这种影响的定量研究还需要进一步的探索。

（5）工艺参数优化。整体叶盘通道盘铣是一种加工整体叶盘的新思路、新方法，什么样的工艺参数组合综合加工效率最优、成本最低，仍需要进一步研究。

1.4 研究对象章节安排及创新点

1.4.1 研究对象

针对钛合金整体叶盘通道盘铣加工过程中切削机理、工艺参数优化等需要深入研究的问题，本书将重点研究 TC17 整体叶盘通道盘铣加工瞬时切削力及瞬时切削温度预测模型、盘铣刀刀片磨损演变过程及磨损机理、考虑后刀面磨损的盘铣刀瞬时切削力及切削温度预测模型、工艺参数优化等关键问题。本书的组织框架如图 1-4 所示。

1.4.2 章节安排

本书以 TC17 整体叶盘通道盘铣加工为研究对象，开展切削机理及工艺参数优化研究，并进行实验验证。第 1 章引出研究的问题；第 2 章建立考虑刀具径向跳动的盘铣刀瞬时切削力模型；第 3 章对盘铣加工刀具瞬时切削温度分布进行研究；第 4 章分析盘铣刀刀片磨损演变过程、失效形式、磨损机理及后刀面磨损预测模型；第 5 章构建考虑后刀面磨损的盘铣刀瞬时切削力和切削温度预测模型；第 6 章以刀具寿命为目标变量寻找盘铣加工最优工艺参数；第 7 章为总结与展望。本书主要内容及章节安排如下：

第 1 章，绪论。

本章将阐述整体叶盘通道高效盘铣加工的研究意义；综述整体叶盘加工方法、钛合金材料切削机理及工艺参数优化方法的国内外研究现状；针对钛合金整体叶盘通道盘铣加工中的关键问题提出了尚未解决的研究方向。

第 2 章，整体叶盘通道盘铣瞬时切削力预测模型。

本章将研究工艺参数对整体叶盘通道盘铣加工切削力的作用机制，建立考虑刀具径向跳动的盘铣刀瞬时切削力模型和瞬时未变形切屑厚度模型；提出适合于盘铣刀的径向跳动量识别方法；应用经典斜角切削理论确定瞬时切削力系数的计算方法，提出瞬时切削力系数的标定方法；通过实验验证本章所提出的盘铣刀瞬时切削力模型和标定方法的有效性和精确性。

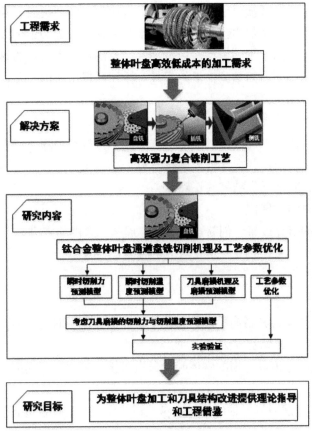

图 1-4 本书的组织框架图

第3章，整体叶盘通道盘铣瞬时切削温度预测模型。

本章将探索 TC17 整体叶盘通道盘铣加工切削温度的分布规律，基于傅里叶热传导理论应用移动热源法建立盘铣刀温度预测模型；通过理论计算确定刀-屑接触长度、热流密度值和热量分配系数；分析切削速度和进给速度对刀具温度分布的影响规律；采用红外热像仪测量刀片温度，验证本章所建立模型的正确性。

第4章，整体叶盘通道盘铣刀具磨损机理研究。

本章将通过实验分析 TC17 整体叶盘通道盘铣加工不同工艺参数下刀片的失效演变过程，揭示硬质合金涂层刀片失效形式和磨损机理；根据磨损机理构建基于温度效应的后刀面磨损预测模型；为提高 TC17 整体叶盘通道盘铣粗加工效率和优化盘铣刀结构提供参考依据。

第 5 章，考虑刀具磨损的整体叶盘通道盘铣切削力和切削温度预测模型。

本章将揭示刀具磨损对整体叶盘通道盘铣切削力和切削温度的作用机制，建立考虑后刀面磨损的切削力预测模型；提出摩擦强度系数的标定方法；构建考虑后刀面磨损的刀具温度预测模型；通过理论计算确定进入刀具的热流密度和热量分配系数；应用不同后刀面磨损量的刀具，验证所提出切削力和切削温度模型的准确性。

第 6 章，整体叶盘通道盘铣工艺参数优化。

本章将分析影响加工效率的关键工艺参数，将材料去除率作为约束，以刀具寿命为目标变量，应用径向基神经网络与粒子群优化算法在工艺参数范围内寻找最优工艺参数；验证寻优结果的正确性。

第 7 章，总结与展望。

总结本书的研究成果、创新点及不足，展望未来的研究方向。

1.4.3　创新点

（1）建立考虑刀具径向跳动的整体叶盘通道盘铣瞬时切削力预测模型，并提出瞬时切削力系数的标定方法。

（2）构建考虑刀具磨损的整体叶盘通道盘铣切削力预测模型，并提出摩擦强度系数标定方法。

（3）提出考虑刀具磨损的整体叶盘通道盘铣刀具切削温度预测模型。

第 2 章　整体叶盘通道盘铣瞬时切削力预测模型

2.1　引　　言

切削力是加工过程中一个重要的特征参数。建立准确的切削力预测模型对提高加工效率、减小刀具磨损、抑制颤振等有着十分重要的意义。

本章首先建立了整体叶盘通道盘铣的瞬时切削力模型；其次基于经典斜角切削理论确定了对瞬时切削力系数有决定作用的切削特性参数——法向摩擦角、法向剪切角和剪切强度；再次提出了切削特性参数的标定方法，将直角坐标系下的切削力转换到法平面，并结合斜角切削的几何关系，确定了法向摩擦角、法向剪切角和剪切强度；最后实验验证了盘铣刀瞬时切削力预测模型和标定方法是有效和精确的，并且可以拓展应用于不同的刀具和切削条件。本章的研究路线如图 2-1 所示。

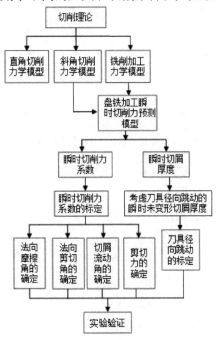

图 2-1　研究路线图

2.2　切削力学分析

在切削过程中，由于切削力的作用，刀具、切屑和已加工表面均产生变形。切削力预测模型是根据切削过程中材料变形的规律，构建切削力与工艺参数的数学关系。直角切削与斜角切削是切削加工的两种方式。所有的切削过程都可用这两种方式表示，如图 2-2 所示。直角切削中，切削刃垂直于切削速度方向，如图 2-2（a）所示。斜角切削中，切削刃与切削速度方向不垂直，如图 2-2（b）所示。

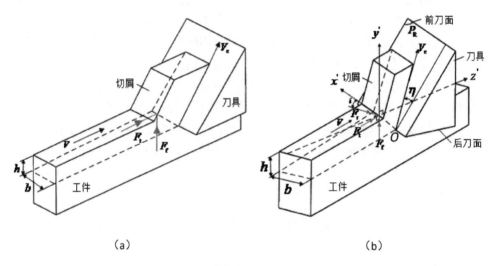

（a）　　　　　　　　　　　　　　（b）

图 2-2　直角与斜角切削的几何关系

（a）直角切割；（b）斜角切割

切削加工过程中有三个变形区域：主变形区、第二变形区和第三变形区，如图 2-3 所示。在主变形区，材料在切削刃的作用下发生剪切变形，产生切屑。切屑沿着前刀面滑动过程中，产生变形，这个区域称为第二变形区。第三变形区是刀具后刀面与已加工表面所产生的摩擦区。根据 Merchant 假说，假定剪切发生在一个薄平面上。下面就直角与斜角切削加工过程中的切削力进行分析

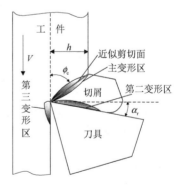

图 2-3　切削加工的变形区域分布

与建模。

2.2.1 直角切削力学分析与建模

根据 Merchant 假说，假设剪切发生在一个薄平面上，切削刃是完全尖角的。剪切应力 τ_s 是常数。切削速度 V 与剪切平面之间的夹角为剪切角 ϕ_c。在直角切削加工中，主要的切削力为剪切力 F_s 和摩擦力 F_u。直角切削的力学分布如图 2-4 所示。切屑在前刀面上和剪切面上受到的切削合力均为 F，是一对平衡力。在前刀面上，切屑受到摩擦力 F_u 和前刀面的法向力 F_v；在剪切面上，切屑受到剪切力 F_s 和剪切面的法向力 F_n。切屑的受力情况分析如图 2-4 所示。

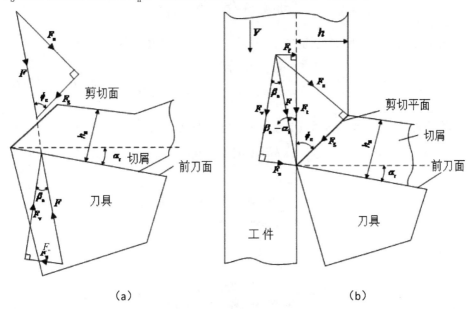

（a）　　　　　　　　　　　　（b）

图 2-4　直角切削的几何关系

（a）作用在切屑上的力；（b）切削力与角度的关系

根据切削力的几何关系，作用在切屑上的剪切力为

$$F_s = F\cos\left(\phi_c + \beta_a - \alpha_r\right) \tag{2-1}$$

式中：β_a——前刀面和切屑的平均摩擦角；

$\quad\quad\ \alpha_r$——刀具前角。

假设切屑所受的剪切应力是均匀分布的，剪切应力为

$$\tau_s = \frac{F_s}{A_s} \qquad (2\text{-}2)$$

剪切平面的面积为

$$A_S = \frac{bh}{\sin\phi_c} \qquad (2\text{-}3)$$

根据公式（2-1）~公式（2-3）可以推导出：

$$F = \frac{\tau_S A_s}{\sin\phi_c \cos(\phi_c + \beta_a - \alpha_r)} \qquad (2\text{-}4)$$

根据切削力与角度的几何关系，进给力 F_f 和切向力 F_t 为

$$\left. \begin{aligned} F_f &= F\sin(\beta_a - \alpha_r) \\ F_t &= F\cos(\beta_a - \alpha_r) \end{aligned} \right\} \qquad (2\text{-}5)$$

将公式（2-4）代入公式（2-5）中，可以得到

$$\left. \begin{aligned} F_f &= \frac{bh\tau_s \sin(\beta_a - \alpha_r)}{\sin\phi_c \cos(\phi_c + \beta_a - \alpha_r)} \\ F_t &= \frac{bh\tau_s \cos(\beta_a - \alpha_r)}{\sin\phi_c \cos(\phi_c + \beta_a - \alpha_r)} \end{aligned} \right\} \qquad (2\text{-}6)$$

令

$$\left. \begin{aligned} K_f &= \frac{\tau_s \sin(\beta_a - \alpha_r)}{\sin\phi_c \cos(\phi_c + \beta_a - \alpha_r)} \\ K_t &= \frac{\tau_s \cos(\beta_a - \alpha_r)}{\sin\phi_c \cos(\phi_c + \beta_a - \alpha_r)} \end{aligned} \right\} \qquad (2\text{-}7)$$

则公式（2-6）可以简化为

$$\left. \begin{aligned} F_f &= K_f bh \\ F_t &= K_t bh \end{aligned} \right\} \qquad (2\text{-}8)$$

2.2.2 斜角切削力学分析与建模

在斜角切削加工中，切削速度方向与切削刃不垂直。刀具与切屑的受力情况

比直角切削加工复杂。斜角切削的切削力与切削角度的关系如图 2-5 所示。平面 P_S 为剪切面，其面积 A_{SO} 为

$$A_{SO} = \frac{bh}{\cos i \sin \phi_n} \tag{2-9}$$

剪切力为

$$F_{SO} = \tau_S A_{SO} = \tau_s \frac{bh}{\cos i \sin \phi_n} \tag{2-10}$$

由图 2-5 的切削力与切削角度的关系可得到

$$F_{SO} = F \left[\cos\theta_i \cos(\theta_n + \varphi_n)\cos\varphi_i + \sin\theta_i \sin\varphi_i \right] \tag{2-11}$$

将公式（2-10）代入公式（2-11），可以推导出切削合力 F 为

$$F = \frac{\tau_s bh}{\cos i \sin\phi_n \left[\cos\theta_i \cos(\theta_n + \varphi_n)\cos\varphi_i + \sin\theta_i \sin\varphi_i \right]} \tag{2-12}$$

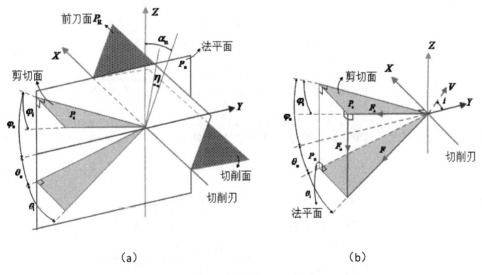

(a)　　　　　　　　　　　　(b)

图 2-5　斜角切削的几何关系

（a）切削角度的关系；（b）切削力的关系

由图 2-5 的切削力与切削角的关系，可知切削力在切削速度方向的分力 F_t、进给方向的分力 F_f 和法向的分力 F_r 为

$$
\left.
\begin{aligned}
F_t &= F(\cos\theta_i \cos\theta_n \cos i + \sin\theta_i \sin i) = \\
&\quad \frac{\tau_s bh(\cos\theta_n + \tan\theta_i \tan i)}{\sin\phi_n \left[\cos\theta_i \cos(\theta_n + \varphi_n)\cos\varphi_i + \sin\theta_i \sin\varphi_i\right]} \\
F_f &= F\cos\theta_i \sin\theta_n \cos i = \\
&\quad \frac{\tau_s bh \sin\theta_n}{\sin\phi_n \cos i \left[\cos\theta_i \cos(\theta_n + \varphi_n)\cos\varphi_i + \sin\theta_i \sin\varphi_i\right]} \\
F_r &= F(\sin\theta_i \cos i - \cos\theta_i \tan i) = \\
&\quad \frac{\tau_s bh(\tan\theta_n - \cos\theta_i \tan i)}{\sin\phi_n \left[\cos\theta_i \cos(\theta_n + \varphi_n)\cos\varphi_i + \sin\theta_i \sin\varphi_i\right]}
\end{aligned}
\right\}
\tag{2-13}
$$

公式（2-13）可以简化为

$$
\left.
\begin{aligned}
F_t &= K_t bh \\
F_f &= K_f bh \\
F_r &= K_r bh
\end{aligned}
\right\}
\tag{2-14}
$$

式中：

$$
\left.
\begin{aligned}
K_t &= \frac{\tau_S(\cos\theta_n + \tan\theta_i \tan i)}{\sin\phi_n \left[\cos\theta_i \cos(\theta_n + \varphi_n)\cos\varphi_i + \sin\theta_i \sin\varphi_i\right]} \\
K_f &= \frac{\tau_s \sin\theta_n}{\sin\phi_n \cos i \left[\cos\theta_i \cos(\theta_n + \varphi_n)\cos\varphi_i + \sin\theta_i \sin\varphi_i\right]} \\
K_r &= \frac{\tau_s(\tan\theta_n - \cos\theta_i \tan i)}{\sin\phi_n \left[\cos\theta_i \cos(\theta_n + \varphi_n)\cos\varphi_i + \sin\theta_i \sin\varphi_i\right]}
\end{aligned}
\right\}
\tag{2-15}
$$

根据 Armarego 的斜角切削理论，公式（2-13）可以转化为

$$
\left.
\begin{aligned}
F_t &= \frac{\tau_s bh}{\sin\phi_n} \frac{\cos(\beta_n - \alpha_n) + \tan i \tan\eta \sin\beta_n}{\sqrt{\cos^2(\phi_n + \beta_n - \alpha_n) + \tan^2\eta \sin^2\beta_n}} \\
F_f &= \frac{\tau_s bh}{\sin\phi_n \cos\gamma} \frac{\sin(\beta_n - \alpha_n)}{\sqrt{\cos^2(\phi_n + \beta_n - \alpha_n) + \tan^2\eta \sin^2\beta_n}} \\
F_r &= \frac{\tau_s bh}{\sin\phi_n} \frac{\cos(\beta_n - \alpha_n)\tan i - \tan\eta \sin\beta_n}{\sqrt{\cos^2(\phi_n + \beta_n - \alpha_n) + \tan^2\eta \sin^2\beta_n}}
\end{aligned}
\right\}
\tag{2-16}
$$

相应的切削力系数为

$$
\left.\begin{aligned}
K_{\mathrm{t}} &= \frac{\tau_{\mathrm{s}}}{\sin\phi_{\mathrm{n}}} \frac{\cos(\beta_{\mathrm{n}}-\alpha_{\mathrm{n}})+\tan i \tan\eta\sin\beta_{\mathrm{n}}}{\sqrt{\cos^2(\phi_{\mathrm{n}}+\beta_{\mathrm{n}}-\alpha_{\mathrm{n}})+\tan^2\eta\sin^2\beta_{\mathrm{n}}}} \\
K_{\mathrm{f}} &= \frac{\tau_{\mathrm{s}}}{\sin\phi_{\mathrm{n}}\cos\gamma} \frac{\sin(\beta_{\mathrm{n}}-\alpha_{\mathrm{n}})}{\sqrt{\cos^2(\phi_{\mathrm{n}}+\beta_{\mathrm{n}}-\alpha_{\mathrm{n}})+\tan^2\eta\sin^2\beta_{\mathrm{n}}}} \\
K_{\mathrm{r}} &= \frac{\tau_{\mathrm{s}}}{\sin\phi_{\mathrm{n}}} \frac{\cos(\beta_{\mathrm{n}}-\alpha_{\mathrm{n}})\tan i -\tan\eta\sin\beta_{\mathrm{n}}}{\sqrt{\cos^2(\phi_{\mathrm{n}}+\beta_{\mathrm{n}}-\alpha_{\mathrm{n}})+\tan^2\eta\sin^2\beta_{\mathrm{n}}}}
\end{aligned}\right\} \qquad (2\text{-}17)
$$

由此可知，无论直角切削加工还是斜角切削加工切削力均可以用公式（2-14）表示。

铣削加工是一个断续加工过程。将铣刀切削刃沿刀具轴向分为有限个小刀齿片单元，每个刀齿片单元都可以被认为是直角或斜角切削加工过程，如图 2-6 所示。根据公式（2-14），第 i 个刀齿片单元的第 j 个切削刃所受的铣削力为

$$
\left.\begin{aligned}
F_{\mathrm{T},i,j}(\varphi) &= K_{\mathrm{T}} h_{i,j}\left[\kappa_{i,j}(\varphi)\right] b_{i,j} \\
F_{\mathrm{R},i,j}(\varphi) &= K_{\mathrm{R}} h_{i,j}\left[\kappa_{i,j}(\varphi)\right] b_{i,j} \\
F_{\mathrm{A},i,j}(\varphi) &= K_{\mathrm{A}} h_{i,j}\left[\kappa_{i,j}(\varphi)\right] b_{i,j}
\end{aligned}\right\} \qquad (2\text{-}18)
$$

式中：$h_{i,j}[\;]$、$b_{i,j}$ 和 $\kappa_{i,j}(\varphi)$ ——分第 i 个刀齿片单元的第 j 个切削刃的切削厚度、切削宽度和切削角；

K_{T}、K_{R} 和 K_{A} ——可以由公式（2-17）确定。

通过公式（2-19）的变换可将公式（2-18）的切削力分解到 X、Y 和 Z 方向。

$$
\left.\begin{aligned}
F_{X,i,j}(\varphi) &= -F_{\mathrm{T},i,j}(\varphi)\cos\left[\kappa_{i,j}(\varphi)\right]-F_{\mathrm{R},i,j}(\varphi)\sin\left[\kappa_{i,j}(\varphi)\right] \\
F_{Y,i,j}(\varphi) &= F_{\mathrm{T},i,j}(\varphi)\sin\left[\kappa_{i,j}(\varphi)\right]-F_{\mathrm{R},i,j}(\varphi)\cos\left[\kappa_{i,j}(\varphi)\right] \\
F_{Z,i,j}(\varphi) &= F_{\mathrm{A},i,j}(\varphi)
\end{aligned}\right\} \qquad (2\text{-}19)
$$

作用在铣刀 X、Y 和 Z 向的切削力如下式所示：

$$
\begin{bmatrix} F_X(\varphi) \\ F_Y(\varphi) \\ F_Z(\varphi) \end{bmatrix} = \sum_{i=1}^{N}\sum_{j=1}^{M} g\left[\kappa_{i,j}(\varphi)\right]
\begin{bmatrix}
-\cos\kappa_{i,j}(\varphi) & -\sin\kappa_{i,j}(\varphi) & 0 \\
\sin\kappa_{i,j}(\varphi) & -\cos\kappa_{i,j}(\varphi) & 0 \\
0 & 0 & 1
\end{bmatrix}
\begin{bmatrix} F_{\mathrm{R},i,j}(\varphi) \\ F_{\mathrm{T},i,j}(\varphi) \\ F_{\mathrm{A},i,j}(\varphi) \end{bmatrix}
$$

$$(2\text{-}20)$$

式中：函数 $g\left[\kappa_{i,j}(\varphi)\right]$ 为

$$\left.\begin{aligned} g\left[\kappa_{i,j}(\varphi)\right]=1, \quad \varphi_{st} \leqslant \kappa_{i,j}(\varphi) \leqslant \varphi_{ex} \\ g\left[\kappa_{i,j}(\varphi)\right]=0, \quad 其他 \end{aligned}\right\} \qquad （2-21）$$

式中：φ_{st}——刀具切入角；

　　　φ_{ex}——刀具切出角。

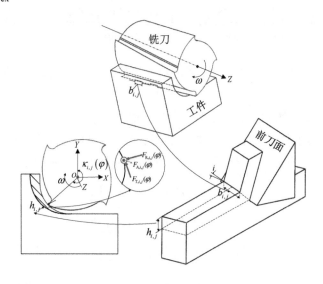

图 2-6　铣削加工过程示意图

2.3　盘铣刀瞬时切削力模型

2.3.1 力学模型

航空发动机整体叶盘通道盘铣加工在如图 2-7 所示的强力盘-插铣复合专用机床上进行，加工所用的盘铣刀为可转位错齿盘铣刀，可转位刀片为正方形，左、中、右错齿。左、右两侧刀片安装时绕 Y 轴分别旋转 $-\gamma$ 和 γ 角，如图 2-8 所示。刀具（$OX_CY_CZ_C$）和机床（$OXYZ$）坐标系如图 2-7 所示，盘铣刀刀片受力情况如图 2-9 和图 2-10 所示。

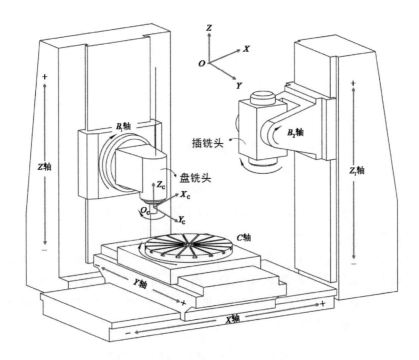

图 2-7　强力盘-插铣复合专用机床示意图

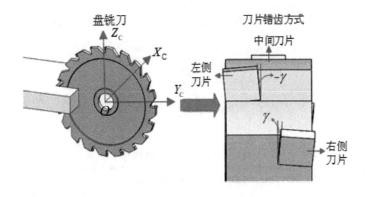

图 2-8　盘铣刀刀片排列方式

盘铣刀加工整体叶盘通道的过程如图 2-9 所示。假设刀片的切削刃是完全"锋利"的,沿盘铣刀轴向 X_C 对可转位刀片进行离散化,将刀片分割成 m 个刀片单元;根据公式 (2-18),第 i 个刀片的第 j 个单元的微刀刃所受到的轴向、径向和法向切削力为

$$\left.\begin{aligned}F_{NT,i,j}(\varphi) &= K_{NT,i,j}(\varphi)h_{N,i,j}\big[\kappa_{i,j}(\varphi)\big]w_{i,j}\\F_{NR,i,j}(\varphi) &= K_{NR,i,j}(\varphi)h_{N,i,j}\big[\kappa_{i,j}(\varphi)\big]w_{i,j}(N=\text{L、R、C})\\F_{NA,i,j}(\varphi) &= K_{NA,i,j}(\varphi)h_{N,i,j}\big[\kappa_{i,j}(\varphi)\big]w_{i,j}\end{aligned}\right\}\quad(2\text{-}22)$$

式中：L、R、C——分别表示左侧、右侧和中间刀片；

φ——刀具旋转角，是可转位刀片与X_C轴负向的夹角，如图2-9所示；

$\kappa_{i,j}(\varphi)$——第i个刀片的第j个微刀片对应的切削角；

$h_{i,j}\big[\kappa_{i,j}(\varphi)\big]$——瞬时未变形切屑厚度，它的计算将在2.3.2节中做具体说明；

$w_{i,j}$——第i个刀片的第j个单元的微刀刃的轴向长度即刀片单元的切削长度：$w_{i,j}=b/m$；

$K_{NT,i,j}(\varphi)$、$K_{NR,i,j}(\varphi)$、$K_{NA,i,j}(\varphi)$——切向、径向和轴向瞬时切削力系数。

左侧刀片安装时绕Z_C轴旋转$-\gamma$角，进行斜角切削，根据Stabler的切屑流动规则，切屑流动角等于斜角切削倾角，即$-\gamma=-\eta$，由公式（2-17）可以推导出左侧刀片的切向、径向和轴向切削力系数为

$$\left.\begin{aligned}K_{LT,i,j}(\varphi) &= \frac{\tau_s}{\sin\varphi_n}\frac{\cos(\beta_n-\alpha_n)+\tan(-\gamma)\tan(-\eta)\sin\beta_n}{\sqrt{\cos^2(\varphi_n+\beta_n-\alpha_n)+\tan^2(-\eta)\sin^2\beta_n}}\\K_{LR,i,j}(\varphi) &= \frac{\tau_s}{\sin\varphi_n\cos(-\gamma)}\frac{\sin(\beta_n-\alpha_n)}{\sqrt{\cos^2(\varphi_n+\beta_n-\alpha_n)+\tan^2(-\eta)\sin^2\beta_n}}\\K_{LA,i,j}(\varphi) &= \frac{\tau_s}{\sin\varphi_n}\frac{\cos(\beta_n-\alpha_n)\tan(-\gamma)-\tan(-\eta)\sin\beta_n}{\sqrt{\cos^2(\varphi_n+\beta_n-\alpha_n)+\tan^2(-\eta)\sin^2\beta_n}}\end{aligned}\right\}\quad(2\text{-}23)$$

由$-\gamma=-\eta$，可得

$$\left.\begin{aligned}K_{LT,i,j}(\varphi) &= \frac{\tau_s}{\sin\varphi_n}\frac{\cos(\beta_n-\alpha_n)+\tan\gamma\tan\eta\sin\beta_n}{\sqrt{\cos^2(\varphi_n+\beta_n-\alpha_n)+\tan^2\eta\sin^2\beta_n}}\\K_{LR,i,j}(\varphi) &= \frac{\tau_s}{\sin\varphi_n\cos\gamma}\frac{\sin(\beta_n-\alpha_n)}{\sqrt{\cos^2(\varphi_n+\beta_n-\alpha_n)+\tan^2(-\eta)\sin^2\beta_n}}\\K_{LA,i,j}(\varphi) &= -\frac{\tau_s}{\sin\varphi_n}\frac{\cos(\beta_n-\alpha_n)\tan\gamma-\tan\eta\sin\beta_n}{\sqrt{\cos^2(\varphi_n+\beta_n-\alpha_n)+\tan^2\eta\sin^2\beta_n}}\end{aligned}\right\}\quad(2\text{-}24)$$

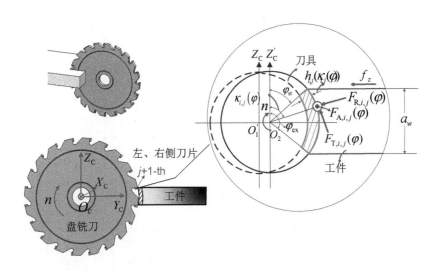

图 2-9　盘铣刀左、右侧刀片加工受力图

右侧刀片安装时绕 Z_C 轴旋转 γ 角，进行斜角切削，由公式（2-17）可以推导出右侧刀片的切向、径向和轴向切削力系数：

$$\left.\begin{aligned}
K_{RT,i,j}(\varphi) &= \frac{\tau_s}{\sin\varphi_n} \frac{\cos(\beta_n - \alpha_n) + \tan\gamma\tan\eta\sin\beta_n}{\sqrt{\cos^2(\varphi_n + \beta_n - \alpha_n) + \tan^2\eta\sin^2\beta_n}} \\
K_{RR,i,j}(\varphi) &= \frac{\tau_s}{\sin\varphi_n\cos\gamma} \frac{\sin(\beta_n - \alpha_n)}{\sqrt{\cos^2(\varphi_n + \beta_n - \alpha_n) + \tan^2\eta\sin^2\beta_n}} \\
K_{RA,i,j}(\varphi) &= \frac{\tau_s}{\sin\varphi_n} \frac{\cos(\beta_n - \alpha_n)\tan\gamma - \tan\eta\sin\beta_n}{\sqrt{\cos^2(\varphi_n + \beta_n - \alpha_n) + \tan^2\eta\sin^2\beta_n}}
\end{aligned}\right\} \quad (2\text{-}25)$$

中间刀片安装时没有旋转角度，进行直角切削，切削过程中的受力情况如图 2-10 所示。根据直角切削理论，切向力和进给力系数如下式所示：

$$\left.\begin{aligned}
K_{CT,i,j}(\theta) &= \tau_s \frac{\cos(\beta_a - \alpha_r)}{\sin\varphi_c\cos(\varphi_c + \beta_a - \alpha_r)} \\
K_{CF,i,j}(\theta) &= \tau_s \frac{\sin(\beta_a - \alpha_r)}{\sin\varphi_c\cos(\varphi_c + \beta_a - \alpha_r)}
\end{aligned}\right\} \quad (2\text{-}26)$$

由图 2-9 可知，通过下列变换作用在左、右侧刀片单元上的切向、径向和轴向力分解到 X_C、Y_C 和 Z_C 向的切削力如下式所示：

$$\left[F_{NX_C,i,j}(\varphi),F_{NY_C,i,j}(\varphi),F_{NZ_C,i,j}(\varphi)\right]^{\mathrm{T}}=\boldsymbol{T}_1\left[\kappa_{i,j}(\varphi)\right]\left[F_{NT,i,j}(\varphi),F_{NR,i,j}(\varphi),F_{NA,i,j}(\varphi)\right]^{\mathrm{T}}$$
$$(N=\mathrm{L、R})$$

$$(2-27)$$

式中：

$$\boldsymbol{T}_1\left[\kappa_{i,j}(\varphi)\right]=\begin{bmatrix}-\cos\kappa_{i,j}(\varphi) & -\sin\kappa_{i,j}(\varphi) & 0 \\ -\sin\kappa_{i,j}(\varphi) & \cos\kappa_{i,j}(\varphi) & 0 \\ 0 & 0 & 1\end{bmatrix} \qquad (2-28)$$

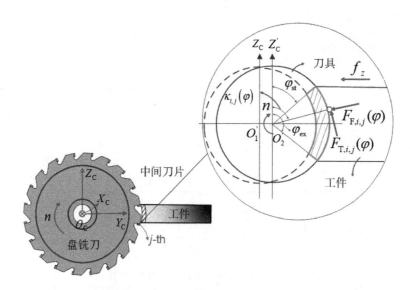

图 2-10　盘铣刀中间刀片加工受力图

由图 2-10 可知，作用在中间刀片单元上的切向力和进给力分解到 Y_C 和 Z_C 向的切削力为

$$\left[F_{CYc,i,j}(\varphi),F_{CZ_C,i,j}(\varphi)\right]^{\mathrm{T}}=\boldsymbol{T}_2\left(\kappa_{i,j}(\varphi)\right)\left[F_{CT,i,j}(\varphi),F_{CF,i,j}(\varphi)\right]^{\mathrm{T}} \qquad (2-29)$$

式中：

$$\boldsymbol{T}_2\left(\kappa_{i,j}(\varphi)\right)=\begin{bmatrix}-\cos\kappa_{i,j}(\varphi) & -\sin\kappa_{i,j}(\varphi) \\ -\sin\kappa_{i,j}(\varphi) & \cos\kappa_{i,j}(\varphi)\end{bmatrix} \qquad (2-30)$$

作用在 X_C、Y_C 和 Z_C 向的切削力为

$$\left.\begin{aligned}
F_{X_C}(\varphi) &= \sum_{i,j} g\left[\kappa_{i,j}(\varphi)\right]\left[F_{LX_C,i,j}(\varphi) + F_{RX_C,i+2,j}(\varphi)\right] \\
F_{Y_C}(\varphi) &= \sum_{i,j} g\left(\kappa_{i,j}(\varphi)\right)\left[F_{LY_C,i,j}(\varphi) + F_{CY_C,i+1,j}(\varphi) + F_{RY_C,i+2,j}(\varphi)\right] \\
F_{Z_C}(\varphi) &= \sum_{i,j} g\left(\kappa_{i,j}(\varphi)\right)\left[F_{LZ_C,i,j}(\varphi) + F_{CZ_C,i+1,j}(\varphi) + F_{RZ_C,i+2,j}(\varphi)\right]
\end{aligned}\right\} \tag{2-31}$$

式中：函数 $g\left[\kappa_{i,j}(\varphi)\right]$ 为

$$\left.\begin{aligned}
g\left[\kappa_{i,j}(\varphi)\right] &= 1, \quad \varphi_{st} \leqslant \kappa_{i,j}(\varphi) \leqslant \varphi_{ex} \\
g\left[\kappa_{i,j}(\varphi)\right] &= 0, \quad 其他
\end{aligned}\right\} \tag{2-32}$$

式中：

$$\varphi_{st} = \frac{\pi}{2} - \arcsin\frac{a_w}{R} \tag{2-33}$$

$$\varphi_{ex} = \frac{\pi}{2} + \arcsin\frac{a_w}{R} \tag{2-34}$$

作用在机床坐标系 X、Y 和 Z 向的切削力为

$$\left[F_{X,i,j}(\varphi), F_{Y,i,j}(\varphi), F_{Z,i,j}(\varphi)\right]^T = T_3(\theta)\left[F_{X_C,i,j}(\varphi), F_{Y_C,i,j}(\varphi), F_{Z_C,i,j}(\varphi)\right]^T \tag{2-35}$$

式中：

$$T_3(\theta) = \begin{bmatrix} \cos\theta & 0 & \sin\theta \\ 0 & 1 & 0 \\ -\sin\theta & 0 & \cos\theta \end{bmatrix} \tag{2-36}$$

式中：θ ——盘铣刀加工时沿 B_1 轴的旋转角度。

2.3.2 瞬时未变形切屑厚度

瞬时未变形切屑厚度的值随刀具旋转而变化，不考虑刀具径向跳动对它的影响，瞬时未变形切屑厚度的计算式为

$$h_{i,j}\left[\kappa_{i,j}(\varphi)\right] = f_z \sin\kappa_{i,j}(\varphi) \tag{2-37}$$

而刀具的跳动对瞬时未变形切屑厚度有很大的影响。分析盘铣刀的几何特征，盘

铣刀相当于螺旋角为零的多齿平头铣刀，故可以把平头铣刀的径向跳动模型及其标定方法应用于盘铣刀。盘铣刀的径向跳动模型如图2-11所示，其中 ρ 为偏移量，它表示刀具轴线与主轴轴线的偏移量，λ 表示刀具偏心产生的方向与相邻最近的刀片头部之间的夹角。

由于刀具制造和安装过程中的误差，机床主轴轴线与刀具轴线之间存在偏心，偏心的出现产生了刀具头部的径向跳动。径向跳动对刀片单元 $\{i, \ j\}$ 的切削半径的影响为

$$R_{i,j} = R + \rho \cos\left[\lambda - \frac{2(i-1)\pi}{N}\right] \tag{2-38}$$

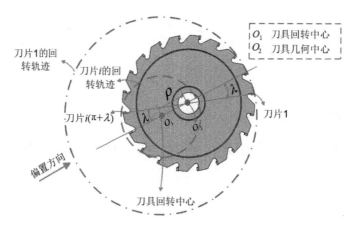

图 2-11   刀具径向跳动几何关系示意图

公式（2-38）表明刀片单元的切削半径与径向跳动参数有关，与刀具旋转角度无关。在刀具旋转过程中，径向跳动对切削区域和旋转角度产生间接影响。盘铣刀的切削半径从 $R-\rho$ 变化到 $R+\rho$ 所对应的刀具旋转角从 $\lambda-\pi$ 变化到 λ，如图 2-11 所示。盘铣刀的切削半径在刀具旋转角 λ 处最大，如图 2-11 点虚线圆所示；在 $\lambda-\pi$ 处最小，如图 2-11 虚线圆所示。当径向跳动与进给率相比较小时，刀片单元 $\{i, \ j\}$ 去除的材料是刀片单元 $\{i-1, \ j\}$ 所留下的。因此，切屑厚度计算公式为当前刀片单元的切削半径与前一刀片单元的切削半径之差，$h_{i,j}\left[\kappa_{i,j}(\varphi)\right]$ 的计算公式为

$$h_{i,j}\left[\kappa_{i,j}(\varphi)\right] = f_z \sin\kappa_{i,j}(\varphi) + \left(R_{i,j} - R_{i-1,j}\right) \tag{2-39}$$

将公式（2-38）代入公式（2-39）中，可得切削厚度计算公式为

$$h_{i,j}\left[\kappa_{i,j}(\varphi)\right] = f_{z}\sin\kappa_{i,j}(\varphi) + \left(R_{i,j} - R_{i-1,j}\right) =$$

$$f_{z}\sin\kappa_{i,j}(\varphi) + \rho\left\{\cos\left[\lambda - \frac{2(i-1)\pi}{N_{t}}\right] - \cos\left[\lambda - \frac{2(i-2)\pi}{N_{t}}\right]\right\} \qquad (2\text{-}40)$$

2.4　标定方法

2.4.1　刀具径向跳动参数的标定

利用千分表的测量结果来确定 ρ 和 λ。相邻两个刀片实际切削半径的相对偏差为 $R_{i-1,j} - R_{i,j}$，该差值记为 $\delta_{i-1,j}$。其计算公式为

$$\delta_{i-1,j} = R_{i-1,j} - R_{i,j} = \rho\cos(\lambda - \beta_{i-1}) - \rho\cos(\lambda - \beta_{i}) \qquad (2\text{-}41)$$

$$\beta_{i} = \frac{2(i-1)\pi}{N} \qquad (2\text{-}42)$$

结合公式（2-38）~公式（2-40）可以得出的矩阵等式为

$$\boldsymbol{M}_{j}\left[\rho\sin\lambda \quad \rho\cos\lambda\right]^{\mathrm{T}} = \boldsymbol{b}_{j} \qquad (2\text{-}43)$$

式中：

$$\boldsymbol{M}_{j} = \begin{bmatrix} -2\cos\dfrac{\beta_{1}+\beta_{2}}{2}\sin\dfrac{\beta_{2}-\beta_{1}}{2} & 2\sin\dfrac{\beta_{1}+\beta_{2}}{2}\sin\dfrac{\beta_{2}-\beta_{1}}{2} \\ -2\cos\dfrac{\beta_{2}+\beta_{3}}{2}\sin\dfrac{\beta_{3}-\beta_{2}}{2} & 2\sin\dfrac{\beta_{2}+\beta_{3}}{2}\sin\dfrac{\beta_{3}-\beta_{2}}{2} \\ \vdots & \vdots \\ -2\cos\dfrac{\beta_{N-1}+\beta_{N}}{2}\sin\dfrac{\beta_{N}-\beta_{N-1}}{2} & 2\sin\dfrac{\beta_{N-1}+\beta_{N}}{2}\sin\dfrac{\beta_{N}-\beta_{N-1}}{2} \end{bmatrix}$$

$$(2\text{-}44)$$

$$\boldsymbol{b}_{j} = \begin{bmatrix} \delta_{1,j} & \delta_{2,j} & \cdots & \delta_{N,j} \end{bmatrix}^{\mathrm{T}} \qquad (2\text{-}45)$$

2.4.2　瞬时切削力系数的标定

根据公式（2-25）和公式（2-26），确定切削力系数，需要确定 τ_{s}、ϕ_{n}、ϕ_{c}、

β_n、α_n 和 η 等参数。利用 Altintas 的方法确定这些参数需要大量的直角车削实验，而万敏等提出的平头立铣刀瞬时切削力系数的标定方法只需要做很少的实验。参考万敏的平头立铣刀瞬时切削力系数的标定方法，本书提出了盘铣刀瞬时切削力系数的标定方法，该方法首先需要确定法向摩擦角、法向剪切角、切屑流动角和剪切力的大小，然后将这四个参数代入公式（2-25）和公式（2-26）即可确定瞬时切削力系数的大小。下面将对法向摩擦角、法向剪切角、切屑流动角和剪切力的确定方法做详细描述。

1. 法向摩擦角的确定

如图 2-12 所示，左、右两侧刀片的切削力在法平面 P_n 上的几何关系可以推导出公式为

$$\tan\phi_n = \frac{F_{\mathrm{Rn},i,j}(\varphi)}{F_{\mathrm{Tn},i,j}(\varphi)} \tag{2-46}$$

式中：

$$\phi_n = \beta_n - \alpha_n \tag{2-47}$$

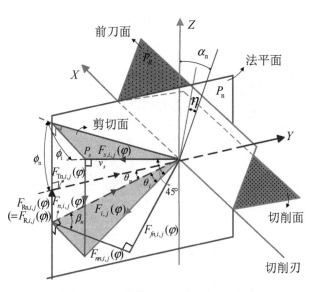

图 2-12　刀片单元切削力几何关系图

由公式（2-46）和公式（2-47）可得

$$\beta_{\text{n}} = \alpha_{\text{n}} + \arctan\left[\frac{F_{\text{Rn},i,j}(\varphi)}{F_{\text{Tn},i,j}(\varphi)}\right] \tag{2-48}$$

式中：

$$\alpha_{\text{n}} = \arctan\left(\tan\alpha_{\text{r}}\cos\gamma\right) \tag{2-49}$$

符合以下两个条件，可以认为全部切削力完全作用在一个刀片单元上。

（1）在任何时刻只有一个刀片参与切削，各参数的关系为

$$\arccos\left(\frac{R - a_{\text{p}}}{R}\right) \geqslant \frac{2\pi}{N_{\text{f}}} \tag{2-50}$$

（2）当轴向切削深度 a_{p} 足够小时，可以替代 $w_{i,j}$，a_{p} 可以选择 1~2mm，此时 X、Y 和 Z 方向的切削力往径向、切向和轴向分力转换时精度比较高。

满足上面两个条件，$F_{\text{Tn},i,j}(\varphi)$、$F_{\text{Rn},i,j}(\varphi)$、$F_{\text{An},i,j}(\varphi)$ 可以通过下面的步骤确定：

1）使用测力仪测量总切削力 $F_{\text{M},XYZ}(\varphi)$；

2）因为满足条件（2），故可认为 $\left[F_{X,i,1}(\varphi), F_{Y,i,1}(\varphi), F_{Z,i,1}(\varphi)\right]^{\text{T}} = F_{\text{M},XYZ}(\varphi)$；

3）利用公式（2-27）的逆向式，将 X、Y、Z 方向的切削力转换为切向、径向和轴向切削力，即

$$\left[F_{\text{T},i,1}(\varphi), F_{\text{R},i,1}(\varphi), F_{\text{A},i,1}(\varphi)\right]^{\text{T}} = \boldsymbol{T}_1^{-1} F_{\text{M},XYZ}(\varphi) \tag{2-51}$$

（4）根据图 2-11 的几何关系，$F_{\text{Tn},i,j}(\varphi)$、$F_{\text{Rn},i,j}(\varphi)$、$F_{\text{An},i,j}(\varphi)$ 的计算式为

$$\left[F_{\text{Tn},i,1}(\varphi), F_{\text{Rn},i,1}(\varphi), F_{\text{An},i,1}(\varphi)\right]^{\text{T}} = T_3(\theta)\left[F_{\text{T},i,1}(\varphi), F_{\text{R},i,1}(\varphi), F_{\text{A},i,1}(\varphi)\right]^{\text{T}} \tag{2-52}$$

法向摩擦角 β_{n} 可由公式（2-48）和公式（2-49）计算得到。

2. 法向剪切角和切屑流动角的确定

根据最大剪应力原理，剪切发生在剪应力最大的方向，即剪切速度和切削合力之间的夹角为 45°。把这个原理应用到盘铣刀斜角切削中，第 i 个刀片的第 j 个单元所受到的切削合力 $F_{i,j}(\varphi)$ 和剪切方向之间形成的 45°角，如图 2-12 所示，计算公式为

$$F_{\mathrm{S},i,j}(\varphi) = F_{i,j}(\varphi)\left[\cos\theta_i\cos\cos(\theta_\mathrm{n}+\phi_\mathrm{n})\cos\phi_i + \sin\theta_i\sin\phi_i\right] = F_{i,j}(\varphi)\cos 45°$$

$$(2\text{-}53)$$

同理，切削合力 $F_{i,j}(\varphi)$ 在剪切平面的投影与剪切方向重合，即切削合力在剪切平面内垂直于剪切方向的分力为 0，关系为

$$F_{i,j}(\varphi)\left[\cos\theta_i\cos(\theta_\mathrm{n}+\phi_\mathrm{n})\sin\phi_i - \sin\theta_i\cos\phi_i\right] = 0 \qquad (2\text{-}54)$$

剪切方向和切削合力方向的关系为

$$\sin\phi_i = \sqrt{2}\sin\theta_i \qquad (2\text{-}55)$$

$$\cos(\theta_\mathrm{n}+\phi_\mathrm{n}) = \frac{\tan\theta_i}{\tan\phi_i} \qquad (2\text{-}56)$$

此外，从斜角切削的几何关系可得

$$\sin\theta_i = \sin\beta_\alpha\sin\eta \qquad (2\text{-}57)$$

$$\tan(\theta_\mathrm{n}+\alpha_\mathrm{n}) = \tan\beta_\alpha\cos\eta \qquad (2\text{-}58)$$

根据 Stabler 的切屑流动规则可知：切削流动角 η 等于斜角切削倾斜角 γ。使用公式（2-48）中计算出的 β_n，结合公式（2-51）~公式（2-56）可以计算出 ϕ_n、ϕ_i、θ_n、θ_i、β_a 和 ϕ_c。

3. 剪切力的确定

根据上述所计算出的 ϕ_n、θ_i 和 θ_n，剪切力 τ_s 的计算式为

$$\tau_\mathrm{s} = \frac{F_{\mathrm{s},i,1}(\varphi)}{A_{\mathrm{s},i,1}(\varphi)} = \frac{F_{i,1}(\varphi)\left[\cos\theta_i\cos(\theta_\mathrm{n}+\phi_\mathrm{n})\cos\phi_i + \sin\theta_i\sin\phi_i\right]}{A_{\mathrm{s},i,1}(\varphi)}$$

$$(2\text{-}59)$$

把 $F_{\mathrm{M},XYZ}(\varphi)$ 代入公式（2-49）得到 $F_{i,1}(\varphi)$。$A_{\mathrm{s},i,1}(\varphi)$ 的计算公式为

$$A_{\mathrm{s},i,1}(\varphi) = \frac{a_\mathrm{p}}{\cos\gamma}\frac{h_{i,1}\left[\kappa_{i,1}(\varphi)\right]}{\sin\phi_\mathrm{n}} \qquad (2\text{-}60)$$

已知 ρ 和 λ 可以通过公式（2-37）和公式（2-38）计算 $h_{i,1}\left[\kappa_{i,1}(\varphi)\right]$。

2.5　实验及预测模型验证

2.5.1　实验方法

　　实验中所选用的刀盘及刀片均由株洲钻石刀具有限公司提供。采用左、中、右错齿的盘铣刀，刀盘型号 SMP11–420×15–K100–SN1206–32；刀盘材料 3CR2MNNIMO，硬度 HRC40~45；可转位刀片 YBG212/SNEQ1206–R08，刀片材料为硬质合金钢 TiAlN 纳米涂层；刀盘及刀片参数见表 2-1，结构如图 2-13 所示。

　　实验工件材料为钛合金 TC17，工件厚度 40mm，其化学成分及主要力学性能见表 2-2 和表 2-3。所用机床为西北工业大学研发的强力盘-插铣复合专用机床，如图 2-14 所示。加工方式采用乳化液冷却顺铣加工。切削力使用三坐标压电式测力仪 Kistler 9255B 进行测量，测力仪固定在工作台上，工件用 4 个 12mm 的螺栓固定在测力仪上；瞬时切削力信号经多通道放大器 Kistler 5080 放大，由数据采集卡 PCIM-DAS1602/16 传输给计算机，利用 DEWESoftX2 软件记录数据，切削力信号的数据采集过程如图 2-15 所示。整体叶盘通道盘铣加工过程如图 2-16 所示。

表 2-1　盘铣刀及刀片参数

刀片数/片	直径/mm	厚度/mm	刀具前角/(°)	刀片宽度/mm	刀片安装角/(°)	后角/(°)	刀尖圆弧半径/mm
39	420	15	15	6	±2	0	0.8

表 2-2　钛合金 TC17 的化学成分

元素	Al	Sn	Zr	Mo	Cr	Ti
含量	4.5%~5.5%	1.6%~2.4%	1.6%~2.4%	3.5%~4.5%	3.5%~4.5%	平衡

表 2-3　钛合金 TC17 的主要力学性能（20℃）

拉伸强度/MPa	屈服强度/MPa	弹性模量/GPa	延伸率/（%）	密度/（g·cm^{-3}）
1 120	1 030	112	10	4.68

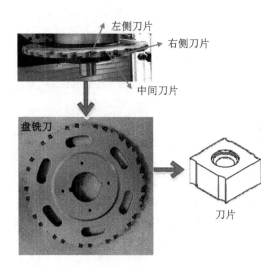

图 2-13　盘铣刀及刀片结构示意图

图 2-14　强力盘-插铣复合专用机床

　　实验参数见表 2-4，实验 1~4 为标定实验，实验 1 和实验 2 为左侧刀片标定实验，实验 3 和实验 4 为右侧刀片标定实验；实验 1~4 刀盘沿 B_1 轴旋转 90°。实验 5 和实验 6 为 β_n、φ_n、τ_s 验证实验；实验 5 和实验 6 刀盘沿 B_1 轴旋转 50°。实验 7~10 为切削力模型验证实验，其中实验 7 和实验 8 刀盘沿 B_1 轴旋转 50° 切削斜角通道，如图 2-16 所示；实验 7 和实验 8 刀盘沿 B1 轴旋转 50° 切削直角通道，如图 2-8 所示。实验中忽略刀片磨损对切削力信号的影响。直角通道和斜角通道切削时刀盘沿 B_1 轴旋转的角度不同，所切槽的形状不同，如图 2-17 所示。

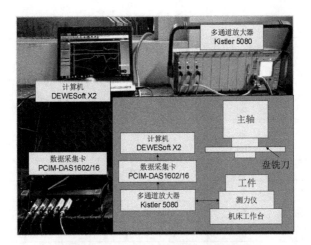

图 2-15　切削力信号数据采集过程

图 2-16　整体叶盘通道盘铣加工过程

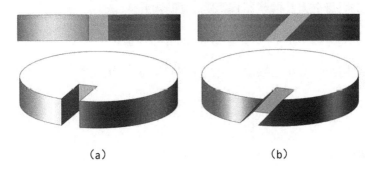

（a）　　　　　　　　　　　　　　（b）

图 2-17　直角通道与斜角通道示意图

（a）直角通道；（b）斜角通道

表 2-4　实验参数表

实验数 （刀盘号）	刀具旋转 角度（°）	每齿进给率 /（mm·z⁻¹）	切削速度 /（m·min⁻¹）	轴向切深 /mm
1	90	0.005	70	2
2	90	0.080	30	1.5
3	90	0.020	50	2
4	90	0.090	55	1.5
5	50	0.010	80	3
6	50	0.050	30	3
7	50	0.045	75	15
8	50	0.030	60	15
9	90	0.045	75	15
10	90	0.030	60	15

2.5.2 模型验证

为了验证提出的盘铣刀瞬时切削力模型在不同的切削条件下的正确性与精度。需要确定瞬时切削力系数，而确定瞬时切削力系数又需要确定刀具径向跳动参数、法向摩擦角、法向剪切角和剪切强度。X、Y 和 Z 方向的切削力的预测过程如下：

第一步：确定刀具径向跳动参数 ρ 和 λ。

应用 2.4.1 节中描述的方法，通过以下步骤确定盘铣刀径向跳动参数 ρ 和 λ：

（1）测量每个刀片实际切削半径与名义切削半径的相对偏差 $\eta_{i,j}$。

（2）应用每个刀片的 $\eta_{i,j}$ 计算 $\delta_{i,j}$，即

$$\delta_{i,j} = \eta_{i,j} - \eta_{i+1,j} \tag{2-61}$$

（3）应用线性最小二乘法，公式（2-41）变化为

$$\begin{bmatrix} g_1 \\ g_2 \end{bmatrix} \triangleq \begin{bmatrix} \rho\sin\lambda \\ \rho\cos\lambda \end{bmatrix} = \begin{bmatrix} \boldsymbol{M}_j^{\mathrm{T}}\boldsymbol{M}_j \end{bmatrix}^{-1}\begin{bmatrix} \boldsymbol{M}_j^{\mathrm{T}}\boldsymbol{b}_j \end{bmatrix} \tag{2-62}$$

（4）根据第（3）步可得

$$\lambda = \arctan\left(\frac{g_2}{g_1}\right),\quad \rho = g_1/\cos\lambda,\quad \rho = g_2/\sin\lambda \tag{2-63}$$

计算出各刀片的 ρ 和 λ，然后取平均值，结果见表 2-5。

表 2-5　盘铣刀径向跳动参数

$\rho/\mu m$	$\lambda/(\degree)$
5.97	20.89

第二步：确定 β_n、φ_n 和 τ_s。

根据 2.4.2 节中所描述的方法确定 β_n、ϕ_n 和 τ_s。实验 1 和实验 2 为左侧刀片标定实验，分别绘制实验 1 和实验 2 的 β_n、ϕ_n 对瞬时未变形切屑厚度图，如图 2-18 和图 2-19 所示。实验 3 和实验 4 为右侧刀片标定实验，分别绘制实验 3 和实验 4 的 β_n、ϕ_n 对瞬时未变形切屑厚度图，如图 2-20 和图 2-21 所示。

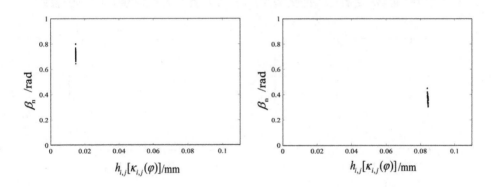

图 2-18　实验 1-2 标定的盘铣刀左侧刀片法向摩擦角

（a）从实验 1 得到的左侧刀片法向摩擦角　　（b）从实验 2 得到的左侧刀片法向摩擦角

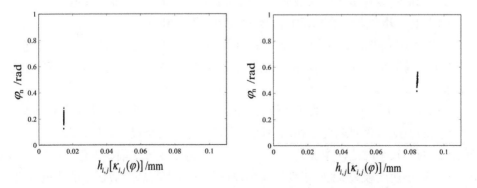

图 2-19　实验 1、实验 2 标定的盘铣刀左侧刀片法向剪切角

（a）从实验 1 得到的左侧刀片法向剪切角；（b）从实验 2 得到的左侧刀片法向剪切角

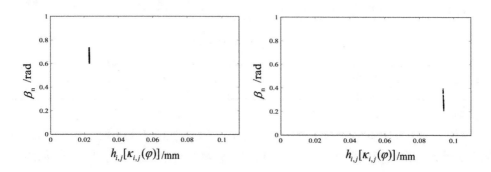

图 2-20　实验 3、实验 4 标定的盘铣刀右侧刀片法向摩擦角

（a）从实验 3 得到的右侧刀片法向摩擦角；（b）从实验 4 得到的右侧刀片法向摩擦角

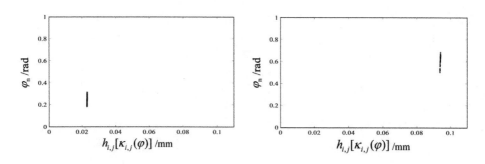

图 2-21　实验 3、实验 4 标定的盘铣刀右侧刀片法向剪切角

（a）从实验 3 得到的右侧刀片法向剪切角；（b）从实验 4 得到的右侧刀片法向剪切角

为了把信号噪音影响降到最低，采用如下的方法确定 β_n 和 ϕ_n 的值：

（1）通过几个大进给率和小进给率实验确定 β_n 和 ϕ_n。

（2）保留大进给率实验中的瞬时法向摩擦角 β_n 和法向剪切角 ϕ_n 值，小进给率实验中的瞬时法向摩擦角 β_n 和法向剪切角 ϕ_n 的值，然后把这些保留的值组合起来，如图 2-22 和图 2-23 所示。

（3）拟合步骤（2）中的离散值。由图 2-18~图 2-21 可知：法向摩擦角和法向剪切角的值随着瞬时未变形切削厚度的值而变化，由于尺寸效应，瞬时未变形切削厚度的值较小时法向摩擦角的值较大，且瞬时未变形切削厚度值较小时法向摩擦角的减小速度较大；瞬时未变形切削厚度的值较大时法向剪切角的值也较大，且瞬时未变形切削厚度值较大时法向摩擦角的增大速度较大。用拟合方法来确定 β_n 和 ϕ_n 的值，利用 $h_{i,j}\left[\kappa_{i,j}(\varphi)\right]$ 的指数函数来拟合 β_n 和 ϕ_n，即

$$\beta_n = \alpha_n + w_1 e^{w_2 h_{i,j}\left[\kappa_{i,j}(\varphi)\right]} \qquad (2\text{-}64)$$

$$\varphi_n = w_3 + w_4 e^{w_5 h_{i,j}\left[\kappa_{i,j}(\varphi)\right]} \qquad (2\text{-}65)$$

式中：w_1，w_2，w_3，w_4 和 w_5——待定常数。

β_n 和 ϕ_n 的拟合结果如图 2-22 和图 2-23 所示。

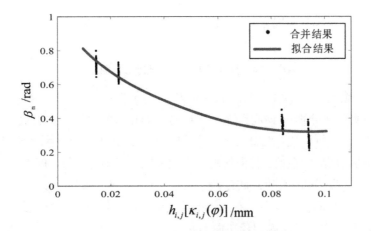

图 2-22　盘铣刀刀片法向摩擦角拟合图

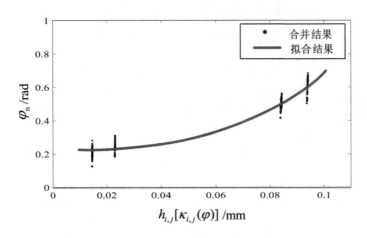

图 2-23　盘铣刀刀片法向剪切角拟合图

利用公式（2-58）和公式（2-59）计算剪切强度，计算结果和拟合结果如图 2-24 所示，剪切强度的拟合值为 778.53MPa。

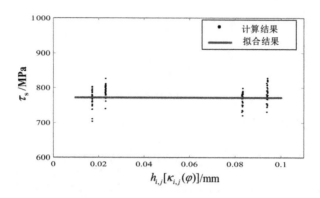

图 2-24　盘铣刀刀片剪切强度拟合图

第三步：确定 $K_{\mathrm{T},i,j}(\varphi)$、$K_{\mathrm{R},i,j}(\varphi)$ 和 $K_{\mathrm{A},i,j}(\varphi)$。

实验 1~实验 4 分别用于标定盘铣刀 A 的左侧和右侧刀片，将实验 1~实验 4 中确定的 β_{n}、ϕ_{n} 和 τ_{s} 代入公式（2-24）和公式（2-25）可以分别计算出左侧与右侧刀片的切向切削力系数、径向切削力系数和轴向切削力系数。理论上，标定实验中左、右侧使用相同的刀片，加工材料相同，摩擦角 β_{a}、剪切角 ϕ_{c}、刀具前角 α_{r} 和剪切强度 τ_{s} 都相同。根据左、右两侧刀片安装角度的特点，基于公式（2-44）~公式（2-47）可知左、右两侧刀片法向前角 α_{n}、法向剪切角 ϕ_{n}、法向摩擦角 β_{n} 相同；再根据公式（2-23）和公式（2-24）可知左、右两侧刀片的切向切削力系数、法向切削力系数和和轴向切削力系数相同。因此，将实验 1~实验 4 的实验结果组合起来对切削力系数进行拟合，拟合结果如图 2-25 所示。

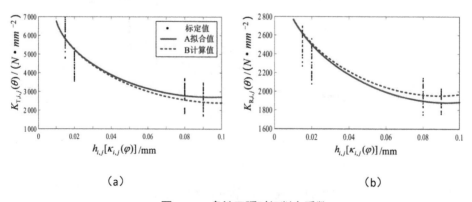

(a)　　　　　　　　　　　　　　　(b)

图 2-25　盘铣刀瞬时切削力系数

（a）从实验 1~实验 4 计算得到的刀具 B 瞬时切向削力系数；

（b）从实验 1~实验 4 计算得到的刀具 B 瞬时径向削力系数

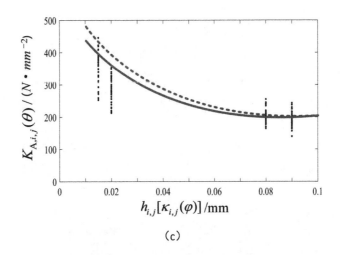

（c）

续图 2-25　盘铣刀瞬时切削力系数

（c）从实验 1~实验 4 计算得到的刀具 B 瞬时轴向削力系数

为了验证标定实验 1~实验 4 的正确性，设计了实验 5 和实验 6。实验 5 和实验 6 中所确定的法向摩擦角 β_n、法向剪切角 ϕ_n 和剪切强度 τ_s 如图 2-26 和如图 2-27 所示。实验 5 标定的法向剪切角的值在 0.104 7~0.261 5rad 之间，与实验 1~实验 4 拟合结果 0.190 3rad 相近；实验 5 标定的法向摩擦角的值在 0.606 8~0.783 6rad 之间，与实验 1~实验 4 拟合结果 0.736 1rad 接近。实验 6 标定的法向剪切角的值在 0.207 3~0.391 4rad 之间，与实验 1~实验 4 拟合结果 0.318 7rad 相近；实验 6 标定的法向摩擦角的值在 0.473 8~0.629 4rad 之间，高于实验 1~实验 4 拟合结果 0.376 8rad。实验 5 和实验 6 中所确定的剪切强度分别为 789.96 MPa、770.96 MPa。与实验 1~实验 4 所标定的切削强度 778.53MPa 相近。实验结果表明实验 5 和实验 6 所确定的法向摩擦角、法向剪切角和剪切强度与实验 1~实验 4 的标定结果相近，证明了实验 1~实验 4 标定结果的准确性。

第四步：确定 $F_{X,i,j}(\varphi)$、$F_{Y,i,j}(\varphi)$ 和 $F_{Z,i,j}(\varphi)$。

把第三步中确定的切向切削力系数 $K_{T,i,j}(\varphi)$、径向切削力系数 $K_{R,i,j}(\varphi)$ 和轴向切削力系数 $K_{A,i,j}(\varphi)$ 的值代入公式（2-27）~公式（2-31）计算刀片单元 X、Y 和 Z 方向切削力 $F_{X,i,j}(\varphi)$、$F_{Y,i,j}(\varphi)$ 和 $F_{Z,i,j}(\varphi)$。

第五步：确定 $F_X(\varphi)$、$F_Y(\varphi)$ 和 $F_Z(\varphi)$。

将第四步计算得出的刀片单元切削力代入公式（2-34）进行累加，得到盘铣刀 X、Y 和 Z 方向瞬时切削力 $F_X(\varphi)$、$F_Y(\varphi)$ 和 $F_Z(\varphi)$。

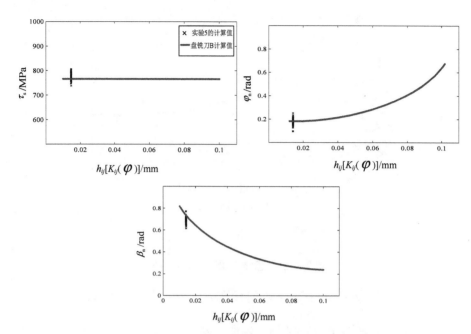

图 2-26　实验 5 得到的法向摩擦角、法向剪切角和剪切强度图

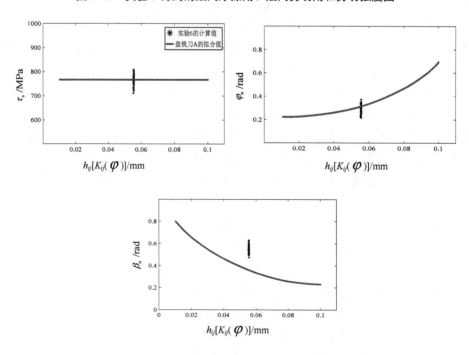

图 2-27　实验 6 得到的法向摩擦角、法向剪切角和剪切强度图

　　盘铣刀加工整体叶盘通道切削力预测值与测量值对刀具旋转角度对比图，如图 2-28~图 2-31 所示。图中给出了 X、Y 和 Z 方向瞬时切削力，X 方向为刀具轴向。盘铣刀 90° 切削即切直角槽时，如图 2-29 和图 2-31 所示，Y 方向和 Z 方向切削力是影响加工误差和稳定性的主要因素，X 方向的切削力（轴向切削力）较小。从加工参数可知，盘铣刀 A 在切削整体叶盘通道时切入角 φ_{st}=83.4°，切出角 φ_{ex}=96.6°，$2\pi/N_t \leqslant \varphi_{ex}-\varphi_{st} \leqslant 4\pi/N_t$，即扫掠角 φ_s=13.8°（切出角与切入角之差）大于盘铣刀的齿距角（$2\pi/N_t$=2π/39=9.23°）且小于两倍的盘铣刀 A 的齿距角 $4\pi/N_t$=4π/39=18.46°，所以盘铣刀在切削整体叶盘通道时有单齿切削和相邻两齿同时切削的情形；如图 2-28 和图 2-29 所示，左、中、右三个齿都经历了单齿切削和双齿同时切削，切削力较小的为单齿切削，切削力较大的为双齿切削。切入角 φ_{st}=83.4°，切出角 φ_{ex}=96.6°，$\cos\varphi_{st}$ 到 $\cos\varphi_{ex}$ 值单调减小，$\sin\varphi_{st}$ 到 $\sin\varphi_{ex}$ 值在偏离 1 很小的范围内先增加后减小；根据公式（2-38）瞬时未变形切屑厚度取决于 $\sin\varphi_{st}$ 到 $\sin\varphi_{ex}$ 的值，使得瞬时未变形切屑厚度变化范围非常小，理论上盘铣刀单齿或双齿切削力不是类似于正弦波形，而是单调增加或减小；如图 2-28 和图 2-29 点线所示，单齿和双齿切削时，X、Z 方向切削力 $F_X(\varphi)$ 和 $F_Z(\varphi)$ 在切入角与切出角之间是随着切削角度的增大而逐渐增加的，单齿和双齿切削时，Y 方向切削力 $F_Y(\varphi)$ 在切入角与切出角之间是随着切削角度的增大而逐渐减小。切削力的测量值如图 2-28 和图 2-29 的实线所示，与切削力的预测值有相近的趋势。

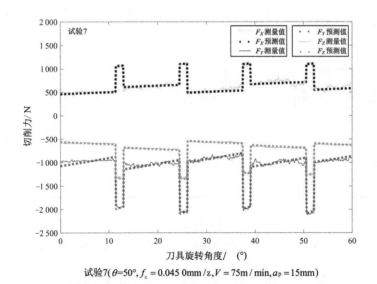

试验7(θ=50°,f_z = 0.045 0mm/z,V = 75m/min,a_p=15mm)

图 2-28　试验 7 瞬时切削力预测值与测量值对比图

实验 7 中当切削角度 10° 时，X 方向的切削力测量值为 500.52N，预测值为 498.27N；切削角度 20° 时，X 方向的切削力测量值为 589.12N，预测值为 637.72N；切削角度 30° 时，X 方向的切削力测量值为 521.75N，预测值为 505.68N；切削角度为 40° 时，X 方向的切削力测量值为 669.76N，预测值为 671.55N；切削角度 50° 时，X 方向的切削力测量值为 653.73N，预测值为 710.92N；切削角度 60° 时，X 方向的切削力测量值为 708.15N，预测值为 583.30N；测量值与预测值的波动都较大，这是由于刀具的径向跳动引起的，切削角度为 10°、20°、30°、40°、50°、60°时，X 方向的切削力测量值与预测值分别相差 2.25N、48.6N、16.07N、1.79N、57.19N、124.85N；误差率分别为 0.45%、8.25%、3.08%、0.27%、8.75%、17.63%，除切削角 60° 时切削力误差较大外，其他 5 个角度的误差都小于 10%。其他几个实验不做详细对比，可以从图中看出切削力预测值与测量值之间的关系。

综上所述，TC17 整体叶盘通道盘铣加工中切削力的预测值与测量值之间的一致性较好。

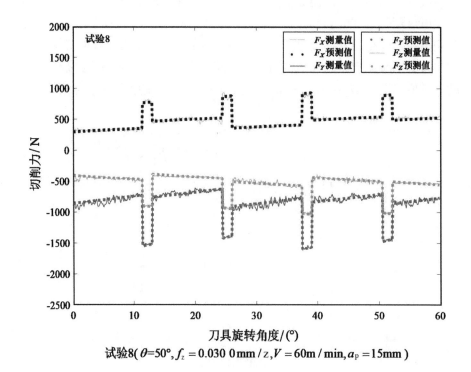

试验8($\theta=50°$, $f_z = 0.030\ 0\ \mathrm{mm}/z$, $V = 60\mathrm{m}/\min$, $a_p = 15\mathrm{mm}$)

图 2-29　实验 8 瞬时切削力预测值与测量值对比图

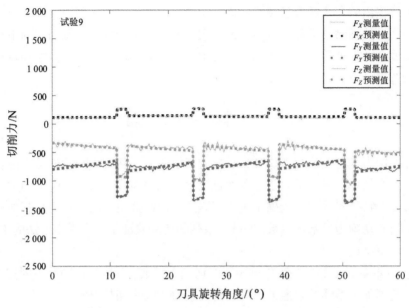

试验9($\theta=90°, f_z = 0.030\ 0\text{mm}/\text{z}, V = 70\text{m}/\text{min}, a_p = 10\text{mm}$)

图 2-30　实验 9 瞬时切削力预测值与测量值对比图

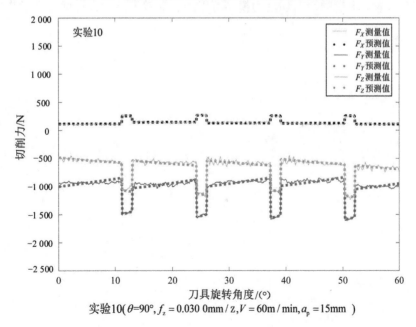

实验10($\theta=90°, f_z = 0.030\ 0\text{mm}/\text{z}, V = 60\text{m}/\text{min}, a_p = 15\text{mm}$)

图 2-31　实验 10 瞬时切削力预测值与测量值对比图

本章提出的方法适合于预测盘铣刀切削力。在不同的切削速度和每齿进给率下，切削力的预测结果和测量结果的一致性较好。由于压电式测力仪的不稳定性或实验设备的振动使得切削力测量过程中有轻微的噪声信号，这些扰动较小，在允许的范围内。

2.6 本章小结

在切削力预测模型中，切削力系数的精度决定了切削力预测的可靠性。本章提出了一个简单、有效的方法来预测盘铣刀加工整体叶盘通道瞬时切削力。该方法通过几个特殊实验就可以确定盘铣刀刀片法向摩擦角、法向剪切角和剪切强度等决定瞬时切削力系数的参数。通过一系列的实验验证了本章提出方法的正确性，并得出以下结论：

（1）本章提出的方法可以确定瞬时切削力系数，可以精确预测不同切削条件下的盘铣刀加工整体叶盘通道时的瞬时切削力的大小和趋势。

（2）瞬时切削力系数的标定过程必须满足单齿切削条件，以确保几个标定实验所确定的瞬时切削力系数的精度。

（3）本章提出的瞬时切削力模型可以用于盘铣刀结构设计优化及工艺参数优化中。

第3章 整体叶盘通道盘铣瞬时切削温度预测模型

3.1 引 言

切削温度是加工过程中一个重要的物理量,建立准确的温度预测模型并阐明其分布规律是金属切削领域一直探索的目标。整体叶盘的叶片弯扭大,通道窄而深,加之钛合金导热率低,因此加工过程中产生的切削热不易散出,会导致切削温度极高。由于热力耦合的作用,在工件表面形成一个高温、高应力区域,使加工表面质量下降、工件表面热应力集中,直接影响工件的服役性能;由于钛合金化学活性大,在高温作用下,极易产生粘刀,造成刀具磨损加剧,刀具使用寿命缩短,从而使制造成本增加。因此,揭示整体叶盘通道盘铣加工温度分布规律将对提高加工表面质量、准确预测刀具磨损量、延长刀具使用寿命等具有积极的指导意义。

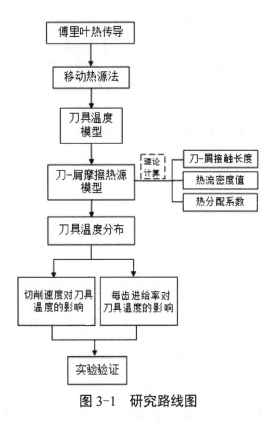

图 3-1 研究路线图

本章的研究路线如图 3-1 所示。以 TC17 整体叶盘通道盘铣加工为研究对象,分析切削热的产生和热传导,基于移动热源法建立只考虑刀-屑摩擦热源的刀具温度预测模型;求解刀-屑接触长度、热量分配系数和进入刀具的热流密度,为刀具温度计算提供热源模型；分析切削速度和每齿进给率对刀具温度的影响；并通过实验验证刀具温度预测模型的准确性。

3.2 整体叶盘通道盘铣刀具瞬时温度预测模型

加工过程中切削热产生的三个区域与三个变形区域相对应，如图3-2所示，它们是剪切热源区、刀具前刀面与切屑摩擦热源区、刀具后刀面与工件摩擦热源区，它们分别与主变形区、第二变形区和第三变形区相对应。主变形区内，工件材料在刀刃的挤压作用下产生弹塑性变形，产生了剪切变形热源，是切削热的主要产生区域。第二变形区是产生弹塑性变形的材料和工件分离的区域，材料在分离过程中形成切屑，切屑沿前刀面运动，产生刀具-切屑摩擦热源。第三变形区中，由于刀刃的不完全锋利，存在圆角，后刀面与已加工表面产生摩擦，形成了刀具-工件摩擦热源。这三个区域的热源相对工件都处于移动状态，因此，采用移动热源法来分析加工过程的切削温度。

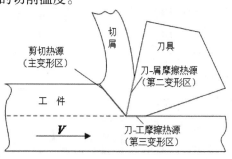

图3-2 切削热源分布区域

3.2.1 只考虑切屑和刀具摩擦热源的刀具瞬时温度模型

盘铣加工是一种断续切削，刀片的温度随时间变化，可以看成是一个非稳态热传导的过程。盘铣刀的刀片为长方体。当刀片切入工件时，刀片与工件的接触面可以看作是一个矩形面，并且这个矩形面是在一个边角上加热整个刀片，可以把它看作一个间歇性的热源。假设刀刃是完全"锋利"的，考虑切屑与刀片前刀面之间摩擦产生热源，使刀片的温度升高。刀片与切屑之间的接触面可以近似为矩形。在加工前，刀片导热体有稳定的温度。加工开始后，刀片表面的热源开始加热刀片导热体。从传热学的角度出发，分析温度变化时，这样的导热体可以假定为半无限体。因此，可以将刀片看作一个半无限大体，刀片与切屑的接触面上的热源随时间变化，如图 3-3 所示。

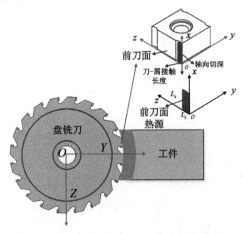

图 3-3　盘铣加工中刀片与切屑接触面热源示意图

忽略温度对刀片材料热特性的影响和热辐射，由文献研究可知硬质合金刀具忽略温度对材料热特性的影响，对温度预测的影响不大。盘铣刀加工整体叶盘通道时的控制方程和边界条件为

$$
\left.
\begin{aligned}
\nabla^2 T &= \frac{1}{\alpha_{\text{tool}}} \cdot \frac{\partial T_{\text{tool}}}{\partial t} \\
-\lambda_{\text{tool}} \frac{\partial T_{\text{tool}}}{\partial z} &= q_{\text{tool}}(x, y, t) \quad 0 \leqslant x \leqslant L_x; y=0; 0 \leqslant z \leqslant L_z
\end{aligned}
\right\}
\tag{3-1}
$$

式中：t ——时间，单位 s；

α_{tool} ——刀具材料热扩散率；

λ_{tool} ——刀具材料热传导率；

q_{tool} ——进入刀具的热流密度；

L_x ——刀片宽度即切削刃宽度；

L_z ——刀片与切屑的接触长度。

除刀片前刀面和切屑的接触面，刀片的其他表面都可以看作是绝热面，且设置它们的初始温度为 20℃。

用格林函数可以求解式（3-1）的热传导方程。在点 $x = x_p$、$y = 0$、$z = z_p$ 处，

t 时刻由瞬时点热源引起的半无限大体内任意点的温升，用格林函数可以表示为

$$G\left(x,y,z,x_{\mathrm{p}},0,z_{\mathrm{p}},D_{1}\right)=\frac{2}{\left(D_{1}\sqrt{\pi}\right)^{3}}\exp\left(\frac{-y^{2}}{D_{1}^{2}}\right)\cdot\left\{\exp\left[\frac{-\left(x+x_{\mathrm{p}}\right)^{2}}{D_{1}^{2}}\right]+\exp\left[\frac{-\left(x-x_{\mathrm{p}}\right)^{2}}{D_{1}^{2}}\right]\right\}\cdot$$

$$\left\{\exp\left[\frac{-\left(z+z_{\mathrm{p}}\right)^{2}}{D_{1}^{2}}\right]+\exp\left[\frac{-\left(z-z_{\mathrm{p}}\right)^{2}}{D_{1}^{2}}\right]\right\}$$

$$(3-2)$$

$$D_{1}=2\sqrt{\alpha_{\mathrm{tool}}\left(t-\tau\right)}\qquad(3-3)$$

式中：D_1——比例因子，它表示在 t 时刻由 τ 时产生的瞬时热源引起的温度场渗透率的比例，单位为 m。

根据 Osakis 理论，G 函数满足控制方程和边界条件的其次形式，半无限大角温度场 $T(x,y,z,t)$ 的解：

$$T_{\mathrm{tool}}\left(x,y,z,t\right)=\frac{\alpha}{\lambda}\int_{0}^{t}\int_{0}^{L_{x}}\int_{0}^{L_{z}}G\left(x,y,z,x_{\mathrm{p}},0,z_{\mathrm{p}},D_{1}\right)q\left(x_{\mathrm{p}},z_{\mathrm{p}},\tau\right)\mathrm{d}x_{\mathrm{p}}\mathrm{d}z_{\mathrm{p}}\mathrm{d}\tau$$

$$(3-4)$$

热流密度的大小受刀具-切屑接触的摩擦系数的强烈影响，根据公式（3-2）和公式（3-4）解温度方程，首先需要计算格林函数内部的二重积分，计算结果为

$$G_{\mathrm{R}}\left(x,y,z,L_{x},L_{z},D_{1}\right)=\int_{0}^{L_{x}}\int_{0}^{L_{z}}G\left(x,y,z,x_{\mathrm{p}},0,z_{\mathrm{p}},D_{1}\right)\mathrm{d}x_{\mathrm{p}}\mathrm{d}z_{\mathrm{p}}$$

$$=\frac{2}{\left(D_{1}\sqrt{\pi}\right)^{3}}\exp\left(\frac{-y^{2}}{D_{1}^{2}}\right)\cdot\left\{\exp\left[\frac{-\left(x+x_{\mathrm{p}}\right)^{2}}{D_{1}^{2}}\right]+\exp\left[\frac{-\left(x-x_{\mathrm{p}}\right)^{2}}{D_{1}^{2}}\right]\right\}\cdot$$

$$\left\{\exp\left[\frac{-\left(z+z_{\mathrm{p}}\right)^{2}}{D_{1}^{2}}\right]+\exp\left[\frac{-\left(z-z_{\mathrm{p}}\right)^{2}}{D_{1}^{2}}\right]\right\}$$

$$(3-5)$$

利用误差函数 $\mathrm{erf}(x)$ 计算内部的二重积分，误差函数为

$$\mathrm{erf}\left(x\right)=\frac{2}{\sqrt{\pi}}\int_{0}^{x}\mathrm{e}^{-t^{2}}\mathrm{d}t\qquad(3-6)$$

然后，用 G_u 表示 x 的积分，计算结果为

$$
\begin{aligned}
G_\mathrm{u}\left(x,L_x,D_1\right) &= \int_0^{L_x}\left[\exp\left(\frac{-\left(x+x_\mathrm{p}\right)^2}{D_1^2}\right)+\exp\left(\frac{-\left(x-x_\mathrm{p}\right)^2}{D_1^2}\right)\right]\mathrm{d}x_\mathrm{p} \\
&= \frac{\sqrt{\pi}}{2}\cdot D_1\cdot\frac{2}{\sqrt{\pi}}\cdot\left[\int_{\frac{x}{D_1}}^{\frac{x+L_x}{D_1}}\mathrm{e}^{-t^2}\,\mathrm{d}t-\int_{\frac{x-Lx}{D_1}}^{\frac{x}{D_1}}\mathrm{e}^{-t^2}\,\mathrm{d}t\right]\mathrm{d}y_\mathrm{p} \\
&= \frac{\sqrt{\pi}}{2}\cdot D_1\cdot\left[\operatorname{erp}\left(\frac{x+L_x}{D_1}\right)+\operatorname{erp}\left(\frac{x-L_x}{D_1}\right)\right]
\end{aligned}
\tag{3-7}
$$

同理，可得变量 z 的积分。因此，可得格林函数的内部二重积分：

$$
G_\mathrm{R}\left(x,y,z,L_x,L_z,D_1\right)=\frac{2}{\left(D_1\sqrt{\pi}\right)^3}\exp\left(\frac{-y^2}{D_1^2}\right)\cdot G_\mathrm{u}\left(x,L_x,D_1\right)\cdot G_\mathrm{u}\left(z,L_z,D_1\right)
\tag{3-8}
$$

最后，确定刀具内部温度场的解，即

$$
T\left(x,y,z,t\right)=\frac{\alpha_\mathrm{tool}}{\lambda_\mathrm{tool}}\int_0^t\frac{1}{2D_1\sqrt{\pi}}\exp\left(\frac{-y^2}{D_1^2}\right)\cdot G_\mathrm{L}\left(x,L_x,D_1\right)\cdot G_\mathrm{u}\left(z,L_z,D_1\right)q_\mathrm{tool}\left(\tau\right)\mathrm{d}\tau
\tag{3-9}
$$

本章研究的刀片和切屑之间的瞬时热源的热流密度为

$$
q_\mathrm{tool}\left(\tau\right)=q_\mathrm{toolm}\frac{\sin\left(\dfrac{\tau}{\tau_1}\times\omega_\mathrm{c}\right)}{\sin\omega_\mathrm{c}}
\tag{3-10}
$$

式中：　τ_1——切削周期内的切削时间；

　　　　ω_c——切削开始点到切削结束点的角度；

　　q_toolm——热流密度。

3.3.2 *刀具–切屑接触长度的计算*

根据相关文献的研究，直角切削与斜角切削的刀–屑接触长度相同，刀–屑接触长度计算式为

$$
L_z=\frac{h\cdot\sin\left(\varphi_\mathrm{c}+\beta_\mathrm{a}-\alpha_\mathrm{r}\right)}{\sin\varphi_\mathrm{c}\cdot\cos\beta_\mathrm{a}}
\tag{3-11}
$$

式中：h——切削厚度（未变形切屑厚度或每齿进给率）；

  φ_c——工件材料的剪切角，由第 2 章可以得到 TC17 的剪切角；

  β_a——工件材料的摩擦角，由第 2 章可以得到 TC17 的摩擦角；

  α_r——刀具前角。

本章所研究的 TC17 整体叶盘通道盘铣加工，刀屑接触长度见表 3-1。

表 3-1 刀-屑接触长度

切削厚度/mm	刀-屑接触长度/m
0.015	131.6×10^{-6}
0.030	185.7×10^{-6}
0.045	213.5×10^{-6}

3.3.3 热流密度的计算

由相关文献中的刀具温度预测模型可知,由刀-屑摩擦热源进入刀具的热流密度 q_{tool} 为

$$q_{toolm} = R_{tool} \cdot q_f \tag{3-12}$$

式中：R_{tool}——刀-屑摩擦热源进入刀具的热量分配系数；

  q_f——刀-屑摩擦热源热流密度。

刀-屑摩擦热源进入刀具的热量分配系数 R_{tool} 为

$$R_{tool} = 1 - \frac{\sqrt{\rho_c \lambda_c c_c}}{\sqrt{\rho_c \lambda_c c_c} + \sqrt{\rho_t \lambda_t c_t}} \tag{3-13}$$

式中：ρ_c，ρ_t——切屑材料、刀具材料的密度；

  λ_c，λ_t——切屑材料、刀具材料的导热率；

  c_c，c_t——切屑材料、刀具材料的比热容。

刀-屑摩擦热源热流密度 q_f 的计算公式为

$$q_f = \frac{F_u \cdot v_{ch}}{L_z \cdot b} \tag{3-14}$$

式中：F_u——刀-屑摩擦力；

  v_{ch}——切屑沿前刀面的流动速度；

　　b——切削宽度。

　　刀-屑摩擦力为

$$F_u = F_t \sin\alpha_r + F_f \cos\alpha_r \tag{3-15}$$

式中：F_t——切向力；

　　　　F_f——进给力；

　　　　α_r——刀具前角。

　　切屑沿前刀面的流动速度为

$$v_{ch} = \frac{v \cdot \sin\varphi_c}{\cos(\varphi_c - \alpha_r)} \tag{3-16}$$

式中：φ_c——工件材料剪切角；

　　　　v——切削速度。

　　根据第 2 章切削力预测模型可以计算出不同切削条件下 F_t 和 F_f 的值。本章不考虑温度对材料特性的影响，切屑的密度、导热率和比热容采用 TC17 的密度、导热率与比热容 TC17 和刀片材料的热特性参数见表 3-2。根据公式（3-12）～公式（3-16）可以计算出刀-屑摩擦热源进入刀具的热流密度 q_{tool}。不同切削速度下，盘铣刀加工整体叶盘通道刀-屑摩擦热源进入刀具的热流密度 q_{tool} 不同。

表 3-2　TC17 的热特性参数（20℃）

	比热容 $J/(g\cdot\text{℃})$	导热率 $W/(m\cdot\text{℃})$	密度 $/(g\cdot cm^{-3})$
TC17	0.52	6.21	4.68
硬质合金	0.95	110	14.5

　　盘铣刀加工整体叶盘通道，无论直角通道还是斜角通道，刀-屑摩擦热源进入刀具的热流密度随着切削速度的提高而增大；随着每齿进给率的增大而增大。切削斜角通道时，刀-屑摩擦热源进入刀具的热流密度大于切削直角通道时的热流密度。这是因为斜角通道的切削高度大于直角通道的切削高度，如图 3-4 所示，直角切削时在切削速度和每齿进给率相同时，一个切削周期内，斜角通道的切削时间大于直角通道，因此进入刀具的热流密度大于直角通道。

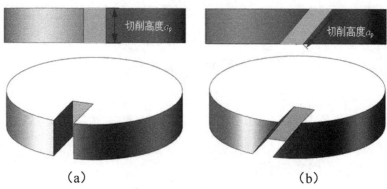

（a）　　　　　　　　　　　　　（b）

图 3-4　直角通道与斜角通道切削高度示意图

（a）直角通道；（b）斜角通道

3.3.4 盘铣刀刀片前、后刀面温度分布

　　根据整体叶盘通道盘铣加工瞬时刀具温度模型，可以得到不同切削速度（60m/min、75m/min、90m/min）和每齿进给率（0.015mm/z、0.030mm/z、0.045mm/z）下，切削直角和斜角通道时，刀具切削 10s 时刀片的前刀面和后刀面温度分布图，如图 3-5 和图 3-6 所示。

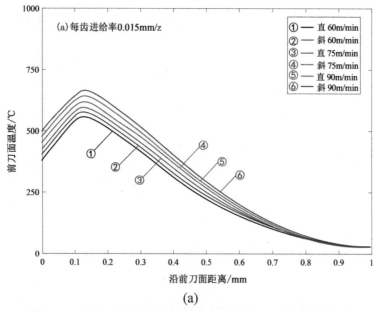

（a）

图 3-5　整体叶盘通道盘铣加工刀片前刀面温度分布图

（a）每齿进给率 0.015mm/z

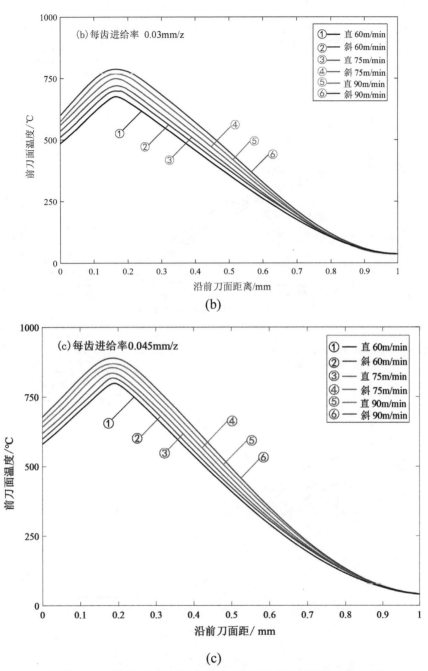

续图 3-5　整体叶盘通道盘铣加工刀片前刀面温度分布图
（b）每齿进给率 0.030mm/z；（c）每齿进给率 0.045mm/z

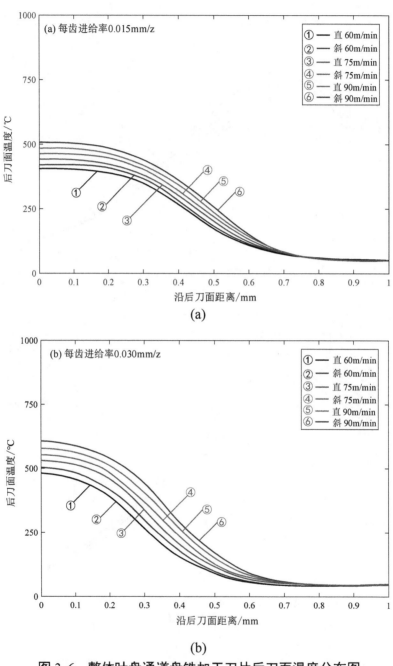

图 3-6　整体叶盘通道盘铣加工刀片后刀面温度分布图
（a）每齿进给率 0.015mm/z；（b）每齿进给率 0.030mm/z；

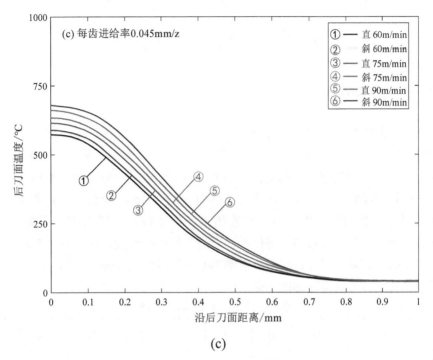

(c)

续图 3-6 整体叶盘通道盘铣加工刀片后刀面温度分布图

（c）每齿进给率 0.045mm/z

由图 3-5 和图 3-6 可知，工艺参数相同时，前、后刀面的刀刃温度相同，前、后刀面的温度分布曲线不同。由图 3-5 可知，整体叶盘通道盘铣加工刀片前刀面温度随着切削速度的提高而升高，随着每齿进给率的增大而升高，前刀面的最高温度出现在距离刀刃 0.11~0.18mm 之间的位置，刀-屑接触长度越短最高温度点越接近刀尖；随着每齿进给率的增大，前刀面的温度梯度增大；切削速度与每齿进给率相同时，切削斜角通道的刀片前刀面温度略高于切削直角通道时，这是由于一个切削周期内切削斜角通道的切削时间大于切削直角通道，进入刀片的切削热更多。由图 3-6 可知，后刀面温度从刀刃处开始沿着后刀面缓慢下降，即最高温度在刀刃处，离刀刃越远温度越低；后刀面温度随着切削速度的增大而升高，随着每齿进给率的增大而升高；每齿进给率越大后刀面温度曲线越陡峭；工艺参数相同时，切削斜角通道的温度高于直角通道。

3.4 TC17整体叶盘通道盘铣刀具瞬时温度预测模型实验验证

3.4.1 实验条件

为了验证切削温度模型，进行不同切削速度 TC17 整体叶盘通道盘铣加工实验。所选用的机床、工件材料及尺寸与第 2 章相同，刀具选用表 2-1 中的盘铣刀，切削方式采用干切削顺铣。利用锋利的刀片分别切削直角通道和斜角通道，采用表 3-3 的切削参数开展实验。应用德国英福泰克的 Vario CAM ®hr head 红外热像仪测量刀具温度，使用 IRBIS 3 软件对热像仪进行操控，对数据进行采集、传输、在线分析与处理。盘铣刀加工整体叶盘通道刀具温度测量过程如图 3-7 所示。根据相关文献的测量，刀片材料的反射率为 0.447，钛合金的反射率为 0.430。红外热像仪采集到的刀具温度如图 3-8 所示。

表 3-3 切削实验加工参数

切削速度/ m·min⁻¹	60	60	60	75	75	75	90	90	90
每齿进给率/ mm·z⁻¹	0.015	0.030	0.045	0.015	0.030	0.045	0.015	0.030	0.045

图 3-7 红外热像仪刀具温度测量图

3.4.2 实验结果与讨论

应用红外热像仪测量盘铣刀加工整体叶盘通道刀片温度如图 3-8 所示。后刀面预测温度分布与测量温度对比如图 3-9 所示。刀具的测量温度与预测温度具有相近的变化趋势。刀具的测量温度明显低于预测温度，是由以下两个方面的因素导致的：①刀具温度预测模型没有考虑刀片涂层对切削温度的影响，涂层材料 TiAlN 的热传导率低于刀具基体材料（硬质合金），涂层材料阻碍热量进入刀具，且涂层材料的摩擦因数小于基体材料,实际切削过程中刀-屑摩擦热源产生的热量小于预测值，测量温度小于预测温度；②整体叶盘通道是半封闭的，使用红外热像仪不能直接测量切削中的刀具温度，只能测量刀具切出通道瞬间的温度，此时的刀具温度低于切削中的刀具温度，造成了测量温度低于预测温度。

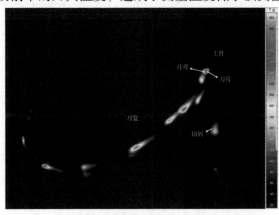

图 3-8　红外热像仪测量整体叶盘通道盘铣加工过程

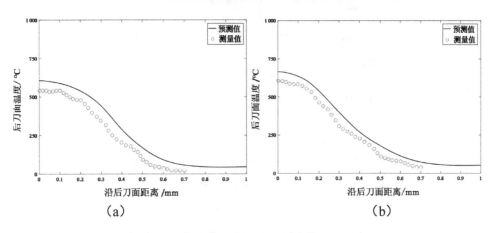

图 3-9　后刀面温度分布曲线与测量值对比图

（a）斜角通道，切割速度 90m/min 每齿进给率 0.03mm/z；
（b）直角通道，切割速度 90m/min 每齿进给率 0.045mm/z

　　为了进一步说明每齿进给率与切削速度对后刀面温度的影响，将刀刃预测温度值与红外热像仪刀刃测量值进行对比，如图 3-10 所示。测量温度低于预测温度；相同切削速度下，刀刃的测量温度与预测温度随着每齿进给率的增大而升高，温度升高趋势接近于直线；每齿进给率相同时，刀刃的测量温度与预测温度随着切削速度的提高而升高；切削斜角通道的刀刃温度高于直角通道。

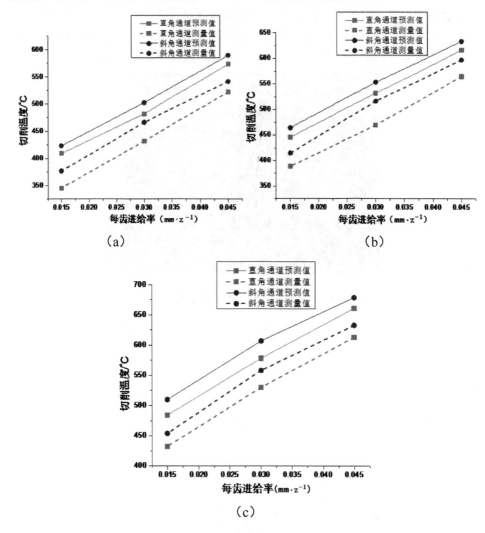

图 3-10　刀具预测温度与测量温度对比图

（a）切削速度 60m/min；（b）切削速度 75m/min；（c）切削速度 90m/min

3.5　本　章　小　结

　　本章通过分析盘铣刀加工整体叶盘通道的特点，对切削直角通道和斜角通道的热传导进行了研究，可以得出以下结论：

　　（1）基于移动热源法建立了刀具温度预测模型，利用格林函数对该模型进行求解；计算了刀-屑接触长度、热流密度和热量分配系数，为刀具温度的计算提供热源模型；得到了前、后刀面温度分布曲线；并通过实验验证了该模型的准确性。

　　（2）刀-屑接触长度随着每齿进给率的增大而增大，随着切削速度的提高而增大；进入刀具的热流密度随着每齿进给率的增大而增大，随着切削速度的提高而增大，切削斜角通道的热流密度大于直角通道。

　　（3）随着每齿进给率的增大，后刀面温度升高；随着切削速度的提高，后刀面温度升高；切削斜角通道后刀面的温度高于直角通道。

第4章 整体叶盘通道盘铣刀具磨损机理研究

4.1 引　言

航空发动机整体叶盘由于通道开敞性差，加工产生的热量不能及时散出，热量主要集中在切削刃和切屑上。盘铣粗加工通道时，材料去除率大，刀片磨损十分严重。本章通过 TC17 整体叶盘通道加工实验分析不同加工参数（切削速度、每齿进给率、刀盘旋转角度）下三排刀片的失效演变过程，揭示硬质合金涂层刀片失效演变规律和磨损机理，为降低钛合金整体叶盘通道粗加工制造成本和优化盘铣刀结构提供参考依据。本章的研究路线如图 4-1 所示。

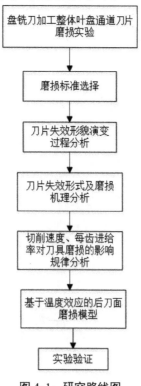

图 4-1　研究路线图

4.2　整体叶盘通道盘铣加工刀具磨损实验

整体叶盘通道盘铣加工刀具磨损实验所选用的机床、刀具和加工方式与第 2 章相同。加工的槽深 50mm，每加工两个槽测量一次刀片磨损量，直到刀片达到磨钝标准（$VB>0.3$mm 或 $VB_{max}>0.6$mm），实验结束。本章将研究相同切削速度、每齿进给率和轴向切深时，切削直角槽（B_1 轴旋转 90°）和斜角槽（B_1 轴旋转 50°），左侧、中间和右侧刀片的磨损演变过程。实验参数设置见表 4-1，单齿的轴向切深为 6mm，叶盘通道槽宽 15mm。本章加工过程与第 2 章相同，如图 2-15 所示。刀片后刀面磨损量由 IFM-G4 全自动刀具测量仪测量，如图 4-2 所示。前刀面磨损量及能谱分析图由赛默飞聚焦离子/双束系统测量，该设备配有能谱和高分辨电子背散射衍射系统，能用于物相及结构的快速高质量分析，如图 4-3 所示。

表 4-1　实验参数表

实验数（刀具号）	刀具旋转角度/(°)	每齿进给率/(mm · z⁻¹)	切削速度/(m · min⁻¹)
1	50	0.060	65
2	90	0.060	65
3	50	0.045	65
4	90	0.045	65
5	50	0.045	90
6	90	0.045	90
7	50	0.030	90
8	90	0.030	90

图 4-2　IFM-G4 全自动刀具测量仪

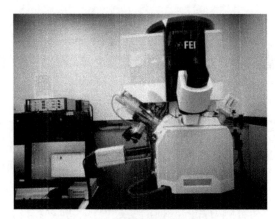

图 4-3　FEI 聚焦离子/双束系统

4.3　TC17 整体叶盘通道盘铣刀片
失效形式及磨损机理

4.3.1 刀片失效形式

从磨损刀片的扫描电镜照片分析可知：刀片的主要失效形式为前刀面的月牙洼磨损、切屑黏结、涂层剥落、积屑瘤、边界磨损/崩刃、沟槽磨损。

（1）月牙洼磨损。月牙洼磨损是盘铣刀刀片前刀面失效的主要形式，如图 4-4 所示。月牙洼磨损是刀片与切屑界面剧烈摩擦，并在高温、高压共同作用下所形成的。月牙洼的形成会降低刀片的强度，改变刀片的切削性能。刀-屑界面温度对月牙洼的形成有很大影响，盘铣刀加工 TC17 整体叶盘通道时，由于道通开敞性差，热量不易散发出去，再加之 TC17 导热系数低，进一步阻碍了热量的散发，使切削区域温度极高，加速了前刀面月牙洼的形成。

（2）切屑黏结。盘铣刀加工 TC17 整体叶盘通道中，切屑的粘刀现象严重，如图 4-5 所示。在加工初期，粘刀现象不太明显，只有个别刀片上出现微小细长的切屑黏结，如图 4-5（a）所示。随着加工的进行，切屑的黏结现象越来越严重，几乎所有的刀片上都有黏结的切屑，如图 4-5（b）（c）所示。有的甚至出现了黏结两层切屑的现象，前一个切削周期中刀片黏结了切屑，在下一个切削周期中前切屑没有脱落，又黏结了新切屑，形成了两层切屑，如图 4-5（d）所示。由于整体叶盘通道加工的半封闭性及 TC17 材料的导热率较低的原因，使切削热很难散发和传导出去，使其主要集中在刀刃附近。加之实验使用的刀片涂层材料为 TiAlN，在高温下极易与 TC17 中的 Ti 发生亲和反应，发生切屑黏结现象。由于切屑底面和刀片前刀面在切削过程中是化学活性很高的新鲜表面，在接触区的高温、高压作用下，接触面积的 80%以上是空气和切削液难以进入的，前刀面是切削温度最高的区域，而后刀面与加工表面存在着剧烈的摩擦和挤压，故切屑黏结在前刀面上。

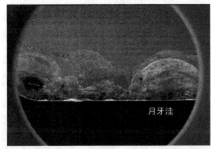

图 4-4　前刀面月牙洼磨损

切屑黏结在刀片上，在继续加工过程中，黏结的切屑要从刀面表面脱落，脱落过程中势必带走刀片上的材料和元素，加速磨损。此外，切屑黏结在刀片上，刀片切入工件时的阻力增大，容易引起崩刃等损坏。

（a）　　　　　　　　　　　（b）

（c）　　　　　　　　　　　（d）

图 4-5　切屑黏结

（3）涂层剥落。硬质合金刀片的涂层起到对刀片基体的保护作用。通过对扫描电镜照片观察发现，前后面均有涂层剥落现象发生。在切削的初始阶段便开始了涂层剥落，但剥落面积较小，如图 4-6 所示。随着切削的进行剥落的面积越来越大，严重时沿刀刃的涂层几乎全部剥落。盘铣加工属于断续切削，且材料去除率大，加工过程中受到较大循环冲击载荷的作用，加速了涂层的脱落。涂层脱落的位置受冲击载荷作用位置的影响。TC17 具有较强的化学活性，在一定的高温下极易与刀具材料黏结在一起，刀具涂层容易被黏结的切屑带走，进一步加速涂层的脱落。随着切削的进行，带着黏结层或积屑瘤的刀具在每次切入切出工件时都会受到巨大的冲击，从而使刀具材料伴随着黏结层或积屑瘤而脱落。剥离层较厚时，刀具涂层失去了保护所用，加剧了刀具的磨损和损坏。盘铣刀加工 TC17 整体叶盘通道过程中涂层剥落是周期性机械载荷和热载荷的引起的高应力作用造成的。

 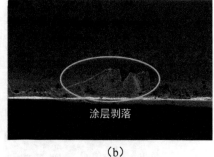

(a)　　　　　　　　　　　　　(b)

图 4-6　前刀面涂层剥落

（4）积屑瘤。在扫描电镜下观察前刀面，发现了积屑瘤，如图 4-7 所示。在盘铣刀加工整体叶盘通道时，由于金属的挤压和强烈的摩擦，切屑与前刀面之间产生了很大的压力与很高的切削温度。当压力和温度条件适当时，切屑底层与前刀面之间的摩擦阻力增大，使切屑底部流出速度变得缓慢，形成很薄的"滞流层"。当"滞流层"与前刀面的摩擦阻力超过切屑内部的结合力时，滞流层的金属与切屑分离而黏结在切削刃附近形成积屑瘤。

积屑瘤的产生对加工的影响是有利有弊的。有利的方面为：①积屑瘤硬度大，状态稳定时可替代刀刃，对刀刃有保护作用；②切屑瘤可增大刀具的前角，减小切削变形和切削力，由于盘铣加工整体叶盘通道属于粗加工，有利于加工。对加工的弊端表现为：①引起振动，积屑瘤的大小不等，分布不均匀，导致切削力产生波动而引起振动；②影响刀具寿命，积屑瘤破裂后若被切屑带走，会划伤刀面，加快刀具磨损。

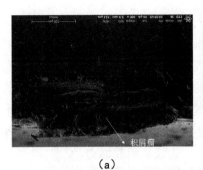

（a）　　　　　　　　　　　（b）

图 4-7　积屑瘤

（5）边界磨损。盘铣刀刀片的主切削刃发生边界磨损，左侧刀片的边界磨损发生在刀片主切削刃左侧，如图 4-8（a）所示；右侧刀片边界磨损出现在刀片主切削刃右侧，如图 4-8（b）所示。盘铣刀加工整体叶盘通道时，左侧刀片发生边界磨损的原因如下：①左侧刀片的主切削刃左侧靠近整体叶盘通道的左侧边界，刀尖圆角处与边界发生强烈的挤压，压应力和切应力都很大，但刀刃的中间和右边由于挤压力小，应力突然下降，形成很高的应力梯度，引起很大的切应力，导致左侧刀片主切削刃的左侧发生边界磨损。②左侧刀片主切削刃左侧刀尖圆角处与边界发生强烈的挤压，冷却液很难进入其中，冷却效果差，而主切削刃的中间和右侧部分冷却较充分，在整个刀刃上形成很高的温度梯度，引起热应力，也容易导致左侧刀片主切削刃的左侧发生边界磨损。同理，右侧刀片主切削刃的右侧靠近整体叶盘通道的右侧边界，刀尖圆角处与边界发生强烈的挤压造成了刀片的边界磨损。右侧刀片主切削刃右侧发生边界磨损的原因与左侧刀片边界磨损的原因相同。

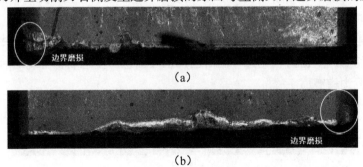

（a）

（b）

图 4-8　边界磨损

（6）崩刃。刀具在使用过程中由磨损所引起的强度下降导致刀具崩刃，当刀具所受切削力大于刀具材料断裂强度时将产生崩刃。盘铣刀刀片后刀面的崩刃较严重，如图 4-9 所示。加工初期，刀片发生较小的微崩刃，多发生在刀刃的边界处，如图 4-9（a）所示。随着切削的进行，崩刃的面积逐渐增大，如图 4-9（b）所示，此时刀片已严重影响加工表面质量，不能再继续使用，刀片的使用寿命缩短。钛合金的变形系数小，前刀面产生极高的切削温度，同时切屑向上卷曲，在从前刀面脱离过程中，使切屑与前刀面的接触面积减小，从而使前刀面的压强增大，导致崩刃产生。盘铣刀加工整体叶盘通道时，刀片后刀面与工件产生强烈的摩擦，且刀刃与工件的接触面积小，产生的压力很大，易导致崩刃。另外，在刀片切入切出工件时，产生较大的机械冲击，也极易引起崩刃。

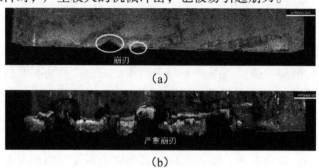

图 4-9 刀片崩刃

（7）沟槽磨损。盘铣刀切削整体叶盘通道时，刀片前、后刀面均存在沟槽磨损，随着切削的进行沟槽磨损向深度方向进行，最终前后刀面连成一片，造成主切削刃严重崩刃，如图 4-10 所示。刀片主切削刃切削前一层通道底面时，由于刀片的挤压作用，对通道底面的表层产生加工硬化作用，硬度远高于周围材料，刀片在后续的切削中连续划擦硬化表面，造成刀片材料不断脱落，形成后刀面沟槽磨损。同时，刀片在切削一段时间后，主切削刃产生磨损，逐渐变钝，形成的切屑两侧产生锯齿状毛边，如图 4-11 所示，切屑在与前刀面的摩擦接触中，造成沟槽磨损；切屑产生锯齿状毛边，同时已加工表面也产生毛刺，毛刺对后刀面反复摩擦，形成沟槽磨损。

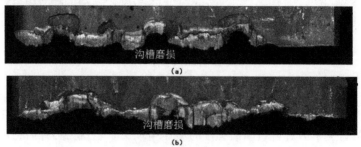

图 4-10 后刀面沟槽磨损

图 4-11　切屑形貌

4.3.2 刀片磨损机理

（1）磨粒磨损。硬质合金涂层刀片在切削整体叶盘通道过程中，在高温、高压作用下前刀面与切屑、后刀面与整体叶盘通道底面不断接触摩擦，整体叶盘材料中的硬质点对前后刀面产生挤压和划擦，在刀片表面形成犁沟状的磨痕，产生磨粒磨损，磨粒磨损贯穿刀片失效的全过程，如图 4-12 所示。刀片与切屑、整体叶盘通道

图 4-12　磨粒磨损

底面连续摩擦，刀片表面温度升高，刀片硬度下降，使磨粒对前后刀面产生划擦；同时在切削过程中，整体叶盘通道表面产生加工硬化现象，易对后刀面形成划痕，引起磨粒磨损。整体叶盘材料中的硬质点、切屑颗粒和刀片材料中脱落的 WC 颗粒是磨粒的主要来源。

（2）黏结磨损。选择正常磨损阶段的刀片前刀面进行电镜扫描及能谱分析。前刀面磨损图及成分分层面扫描图如图 4-13 所示，各主要成分分层扫描图如图 4-14 所示。由图 4-14（b）可知，前刀面磨损区域 Al 元素的（刀片涂层材料为 TiAlN）含量很低，W、Co 元素含量较高，非磨损区域 Al 元素含量很高，说明该区域中的涂层材料已经完全剥落，暴露了刀片的基体材料；如图 4-14（c）（f）所示，该磨损区域中 Ti 元素的含量很高，且含有 Mo 元素（TC17 含有的元素为 Ti、Al、Zr、Cr、Sn、Mo），说明该区域黏结过 TC17 切屑，发生了黏结磨损。盘铣刀加工整体叶盘通道属于粗加工阶段，材料去除率大、切削力大、铣削温度高，在热力耦合作用下，钛合金元素具有很强的化学活性，其中 Ti 元素会与刀片基体

元素 W 和 C 发生化学反应，生成新的物质黏结到刀片的表层，在较大的铣削力和断续切削的冲击下，黏结层不断的剥落而带走刀片元素，新的剥落层又会黏结新的钛元素，新的黏结层会再次剥落，如此循环造成了刀片的黏结磨损。

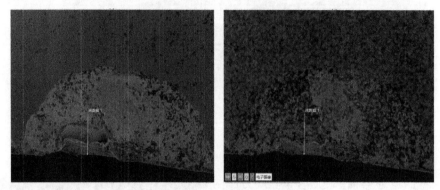

图 4-13　前刀面磨损图及成分分层图

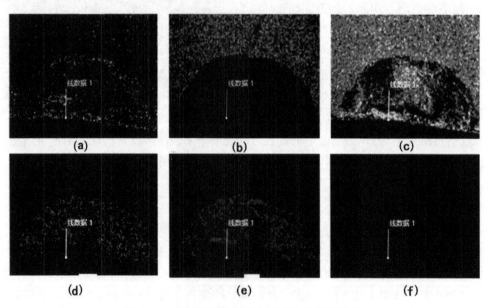

图 4-14　前刀面磨损区域主要成分分层扫描图

（3）扩散磨损。继续对图 4-13 所示的刀片前刀面磨损区域进行分析。对磨损区域成分进行面扫描，分析结果中既有钛合金元素 Ti、Al、Mo 等，也有刀片基底材料 W、C、Co 等元素。为了分析刀具是否发生了扩散磨损，采用线扫描法做能谱分析。沿刀刃由近及远的方向，选择沿数据线 1 做能谱扫描，分析结果如图 4-15 所示。

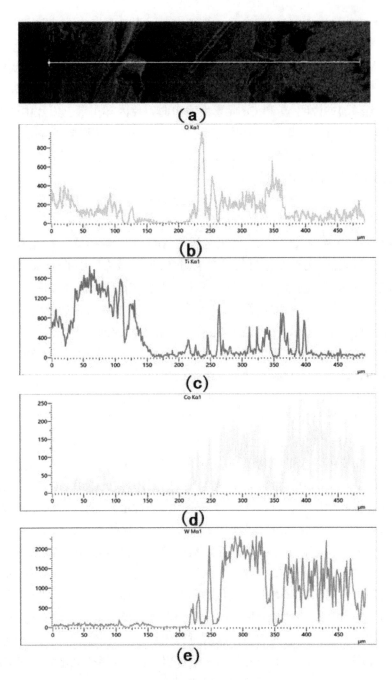

图 4-15　前刀面磨损区域线扫描能谱分析图

（a）扫描距离；（b）O 元素含量；（c）Ti 元素含量；（d）Co 元素含量；（e）W 元素含量

分析沿数据线 1 的各元素含量，推算出各元素是否发生了扩散磨损。取刀片基体元素 W、Co 和 TC17 元素 Ti 作为扩散研究对象。由图 4-15 的元素含量可知，刀片基体材料中的 W 和 Co 元素含量沿数据线 1 的起始点逐渐增加；从数据线起始点到 200μm 处，W 和 Co 元素含量很低，从 200μm 到 550μm 处，W 和 Co 元素含量逐渐增加；说明 W 和 Co 元素由刀刃向刀片内部扩散。刀片中的 W 和 Co 元素向温度低的方向扩散即向刀片内部扩散，在刀片表面形成"贫钴"区。Co 元素在刀片基体材料中起到黏结的作用，"贫钴"区会造成刀片基体结合强度下降，导致基体材料的切削性能下降。

为了证明 TC17 元素 Ti 发生扩散，选择正常磨损阶段的后刀面进行电镜扫描及能谱分析。后刀面磨损图及成分分层图如图 4-16 所示，主要成分分层扫描图如图 4-17 所示。由图 4-16 可知，磨损区域的 Al 元素含量很低，W 元素含量较高，说明涂层已经剥落，刀片基体材料暴露了出来，该区域涂层中的 Ti 元素已经剥落。但该区域 Ti 元素含量很高，且含量高于未磨损区域，后刀面与工件产生摩擦，摩擦过程中不产生切屑，摩擦过程中 Ti 元素由工件扩散到刀片后刀面。TC17 有很高的化学活性，且加工表面温度很高，在工件和刀片内部会产生很大的温度梯度。在这种温度梯度下，给元素扩散提供了便利条件，钛合金中的元素很容易扩散到刀片基体中，破坏了刀片原有的基体组织结构。

（4）氧化磨损。盘铣刀加工整体叶盘通道，轴向切削深度大，材料去除率大，切削温度极高，在高温作用下刀片材料极易与空气中的氧发生反应，在刀片表面生成质软而疏松的氧化物，使刀片中的硬质相颗粒极易被切屑或者工件摩擦破坏掉或带走，造成了刀片的氧化磨损。如图 4-14（a）所示，前刀面磨损区域（裸露刀片基体材料）的氧元素含量明显高于未磨损区域，说明磨损区域在加工过程中与氧气发生氧化反应，且越接近刀刃处氧元素含量越高，前刀面刀刃附近是温度最高的区域，温度越高越容易发生氧化反应，氧化磨损也越严重。

综上所述，硬质合金涂层刀片镶齿盘铣刀加工整体叶盘通道，刀片磨损机理主要为黏结磨损、扩散磨损、磨粒磨损和氧化磨损的共同作用。前刀面的主要磨损机理为磨粒磨损、扩散磨损、氧化磨损和黏结磨损；后刀面的主要磨损机理为磨粒磨损、扩散磨损和黏结磨损。由于钛合金极易产生粘刀，切削初期，刀片前刀面产生切屑黏结，黏结的切屑在脱落过程中引起了刀片涂层剥落，涂层剥落、黏结磨损和磨粒磨损伴随整个刀片的失效过程，并同时伴有氧化磨损和扩散磨损。随着切削的进行，氧化磨损和扩散磨损加剧。

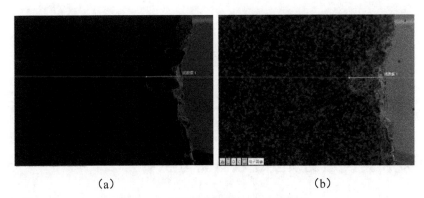

(a)　　　　　　　　　　　　　(b)

图 4-16　后刀面磨损图及成分分层图

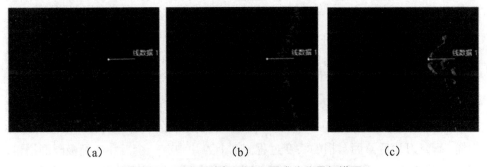

(a)　　　　　　　　(b)　　　　　　　　(c)

图 4-17　后刀面磨损区域主要成分分层扫描图

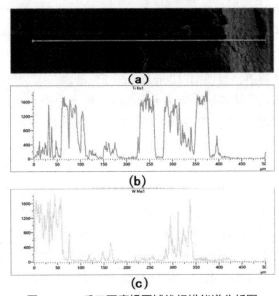

图 4-18　后刀面磨损区域线扫描能谱分析图
(a) 扫描距离；(b) Ti 元素含量；(c) W 元素含量

4.4 TC17 整体叶盘通道盘铣加工刀片失效演变过程研究

4.4.1 刀片失效形貌演变过程研究与分析

盘铣刀采用的是三排错齿结构,且盘铣刀的安装方式为悬伸式的非对称结构,如图 2-15 所示。在加工过程中,由于材料去除率大、切削力大、振动大,导致加工过程不平稳;三排刀齿在非 90° 加工时,受力不同,致使三排刀片的磨损行为存在差异。因此,需要分别研究左侧、中间和右侧刀片的磨损演变过程。切削中使用的刀具为 39 个齿(刀片),依次将 39 齿分为 13 组,每组 3 个刀片,每组有左侧、中间和右侧刀片,分别选取第 1 组和第 7 组(第 1 组刀片与第 7 组刀片相对,可以保证选取的刀片在所有刀片中具有代表性)的刀片进行后刀面磨损形貌扫描,研究刀片后刀面磨损的演变过程。39 个刀片中有一个刀片达到极限磨损量,即认为所有刀片达到了使用寿命,这是为了更准确地测量刀片磨损量,如果将达到极限磨损量的刀片替换为新刀片继续切削,新刀片的切削刃没有磨损,切削半径比其他刀片的大,在切削过程中磨损较快,与它相邻刀片的磨损相对较慢,造成磨损量的测量不准确。

盘铣整体叶盘通道,每切削 100mm(即切削通道长度为 100mm)扫描一次刀片后刀面磨损形貌,当切削速度为 90m/min、每齿进给率为 0.045mm/z 和单齿轴向切深为 6mm,切削直角槽时,第 7 组三个刀片后刀面的磨损演变图分别如图 4-19~图 4-21 所示,切削通道长度为 100mm、200mm、300mm、…、600mm 时刀片后刀面磨损形貌图分别如图 4-10 所示;切削斜角槽时,第 7 组三个刀片后刀面磨损演变过程分别如图 4-22~图 4-24 所示;第 1 组刀片后刀面磨损演变图见附录。切削速度 75m/min、每齿进给率 0.060mm/z 和单齿轴向切深 6mm,切削直角和斜角通道时,刀片后刀面的磨损演变图。图 4-19~图 4-24 及中的图片可知刀片后刀面的失效形式为崩刃和沟槽磨损,随着切削的进行磨损逐渐加剧。切削一段时间后出现边界磨损和沟槽磨损,沟槽磨损逐渐转变为深度方向的大面积崩刃,直到刀片失效。

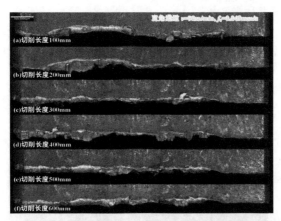

图 4-19　切削直角通道第 7 组左侧刀片后刀面磨损演变图

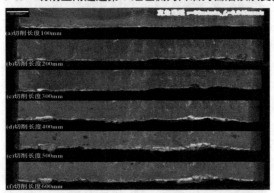

图 4-20　切削直角通道第 7 组中间刀片后刀面磨损演变图

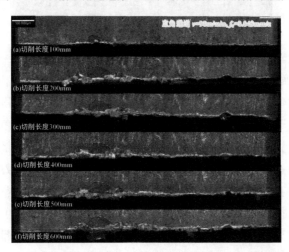

图 4-21　切削直角通道第 7 组右侧刀片后刀面磨损演变图

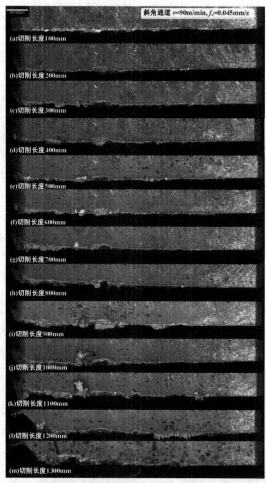

图 4-22　切削斜角通道第 7 组左侧刀片后刀面磨损演变图

　　由图 4-19~图 4-24 及附录中的图片可知，切削直角通道时，同一组刀片中，左侧、中间和右侧刀片后刀面磨损情况不同，本节中的磨损均指后刀面磨损。左侧刀片的主切削刃左边靠近整体叶盘通道的左侧边界，刀尖圆角处与边界发生强烈的挤压，压应力和切应力都很大，但刀刃的中间和右边由于挤压力小，应力突然下降，形成很高的应力梯度，引起很大的切应力，导致左侧刀片主切削刃左边磨损大于中间和右边磨损，如图 4-19 所示；左侧刀片主切削刃左边刀尖圆角处与边界发生强烈的挤压，冷却液很难进入其中，冷却效果差，而主切削刃的中间和右边部分冷却较充分，在整个刀刃上形成很高的温度梯度，引起热应力，也容易导致左侧刀片主切削刃左边磨损大于中间和右边磨损。同理，右侧刀片主切削刃的右边靠近整体叶盘通道的右侧边界，刀尖圆角处与边界发生强烈的挤压造成了刀片的右边磨损大于中间和左边磨损，如图 4-21 所示。中间刀片离整体叶盘左右两侧面都较远，主切削刃左、右两侧散热条件相同，温度场分布较均匀，因此磨损相对较均匀。不同组刀片，磨损情况也不同；由于刀片径向跳动量的差别，切削过程中磨损量有所不同，刀片主切削刃正向的径向跳动量大，磨损较大，跳动量小，磨损量较小。切削斜角通道时，左侧、中间、右侧刀片的磨损情况分布和切削直角通道时类似，左侧刀片的左侧刃有明显的边界磨损，主切削刃左侧磨损明显大于右侧；右侧刀片的右侧刃有明显的边界磨损，主切削刃右侧磨损比左侧大；中间刀片的左、右侧刃几乎没有边界磨损，主切削刃两侧磨损无明显差异，磨损较均匀。

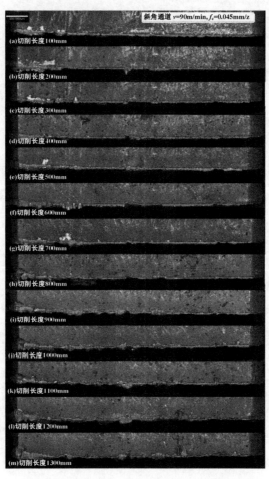

图 4-23　切削斜角通道第 7 组中间刀片后刀面磨损演变图

相同切削参数下，切削直角通道刀片的磨损量显著大于切削斜角通道时，主要的原因如下：第一，切削直角通道时刀片的有效切削高度小于切削斜角通道时，如图 3-8 所示，由第 2 章的分析可知切削直角通道时有单齿切削和两齿切削的情形，斜角切削时没有单齿切削，存在两齿和三齿同时切削，与直角通道切削相比较，斜角通道切削过程更加平稳，切入、切出通道时刀片所受的冲击较小，因此，磨损量也较小；第二，切削直角通道时，刀片切削刃全部参与切削，磨损较大，切削斜角通道时，刀片刚接触材料不是整个刀刃都参与切削，而是随着进给刀刃参与切削的长度逐渐增加，刀片的磨损量较小。

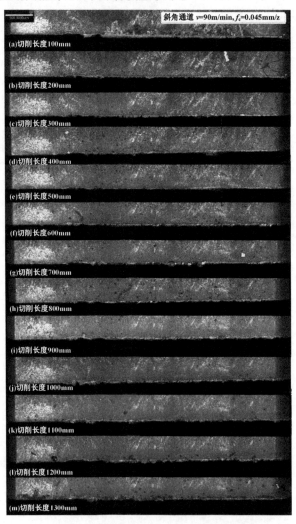

图 4-24　切削斜角通道第 7 组右侧刀片后刀面磨损演变图

4.4.2 切削速度对刀具磨损的影响

盘铣刀切削直角通道，当切削速度为 60m/min、每齿进给率为 0.045mm/z 时，切削长度达到 1 000mm 时，第 7 组左侧刀片磨损量超过磨损极限，如图 4-25 所示；当切削速度为 90m/min，每齿进给率为 0.045mm/z 时，切削长度达到 600mm 时，第 7 组中间刀片磨损量超过最大允许磨损，如图 4-26 所示；每齿进给率为 0.045mm/z 时，切削速度从 60m/min 提高到 90m/min，刀片的切削长度从 1 000mm 减小到 600mm，这是由于切削中产生的热量增加、刀片磨损增大所导致的。由此可知，每齿进给率相同时，随着切削速度的提高，刀片磨损增大，刀片寿命缩短，符合低速切削的磨损规律。

盘铣刀切削斜角通道时，当切削速度为 60m/min、每齿进给率为 0.045mm/z 时，切削长度达到 1 600mm 时，第 1 组左侧、中间刀片和第 7 组左侧刀片磨损量均超过最大磨损 0.6mm，如图 4-27 所示；当切削速度为 90m/min，每齿进给率为 0.045mm/z 时，切削长度达到 1 300mm 时，第 1 组和第 7 组左侧刀片磨损量超过极限磨损，如图 4-28 所示；每齿进给率为 0.045mm/z 时，切削速度从 60m/min 提高到 90m/min，刀片的切削长度从 1 600mm 减小到 1 300mm，这是由于切削中产生的热量增加、刀片磨损增大所导致的。由此可知，切削斜角通道时，随着切削速度提高，刀具磨损量增加。

综上所述，盘铣刀无论切削直角通道还是斜角通道，当每齿进给率相同时，随着切削速度的提高，刀片磨损量增加，寿命缩短。

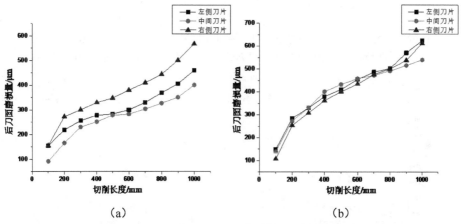

(a)   (b)

图 4-25　后刀面磨损量与切削长度的对应关系（直角通道 v=60m/min，f_c=0.045mm/z）

(a)直角通道 v=60m/min，fc=0.045mm/z 1#刀片；

(b)直角通道 v=60m/min，fc=0.045mm/z 7#刀片

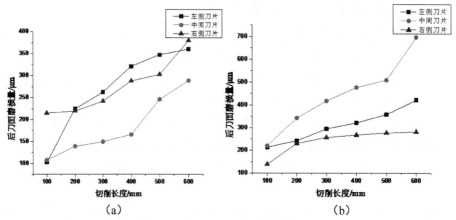

(a)　　　　　　　　　　　　　　　(b)

图 4-26　后刀面磨损量与切削长度的关系（直角通道 v=90m/min，f_c=0.045mm/z）

(a)直角通道 v=90m/min，f_c=0.045mm/z 1#刀片；(b)直角通道 v=90m/min，f_c=0.045mm/z 7#刀片

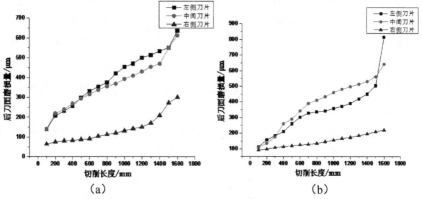

(a)　　　　　　　　　　　　　　　(b)

图 4-27　后刀面磨损量与切削长度的关系（斜角通道 v=60m/min，f_c=0.045mm/z）

(a)斜角通道 v=60m/min，f_c=0.045mm/z 1#刀片；(b)斜角通道 v=60m/min，f_c=0.045mm/z 7#刀片

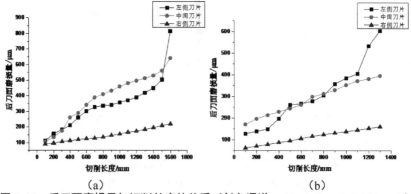

(a)　　　　　　　　　　　　　　　(b)

图 4-28　后刀面磨损量与切削长度的关系（斜角通道 v=90m/min，f_c=0.045mm/z）

(a)斜角通道 v=90m/min，f_c=0.045mm/z 1#刀片；(b)斜角通道 v=90m/min，f_c=0.045mm/z 7#刀片

4.4.3 每齿进给率对刀具磨损的影响

切削速度 90m/min、每齿进给率 0.045mm/z，切削直角通道时，第 7 组中间刀片的切削长度为 600mm 时，磨损量达到磨损极限，如图 4-26 所示；切削速度 90m/min，每齿进给率 0.030mm/z，切削直角通道时，第 7 组中间刀片的切削长度为 1000mm 时，磨损量超过最大允许磨损，如图 4-29 所示。切削速度 90m/min，每齿进给率 0.045mm/z 切削斜角通道时，第 7 组左侧刀片的切削长度为 1 300mm 时，磨损量达到 0.6mm 以上，同时第 1 组左侧刀片磨损量接近 0.6mm，如图 4-28 所示；切削速度 90m/min，每齿进给率 0.030mm/z 切削斜角通道时，第 1 组左侧刀片的切削长度为 1 900mm 时，磨损量达到 0.6mm 以上，如图 4-30 所示。盘铣刀切削整体叶盘通道，无论直角通道还是斜角通道，相同切削速度下，随着每齿进给率的提高，刀片能够切削的最大长度缩短，磨损量增加。

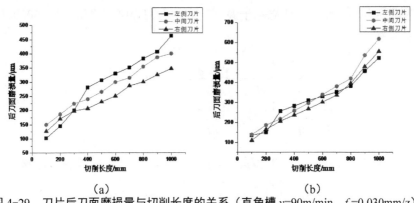

（a）　　　　　　　　　　　　　　（b）

图 4-29　刀片后刀面磨损量与切削长度的关系（直角槽 v=90m/min，f_c=0.030mm/z）

(a)直角通道 v=90m/min，f_c=0.03mm/z 1#刀片；(b)直角通道 v=90m/min，f_c=0.03mm/z 7#刀片

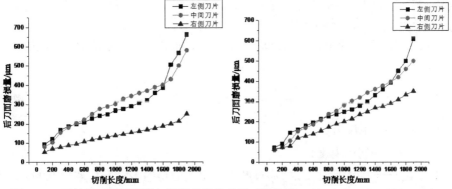

图 4-30　刀片后刀面磨损量与切削长度的关系（斜角槽 v=90m/min，f_c=0.030mm/z）

(a)斜角通道 v=90m/min，f_c=0.03mm/z 1#刀片；(b)斜角通道 v=90m/min，f_c=0.03mm/z 7#刀片

盘铣刀加工直角通道和斜角通道，且切削速度相同时，每齿进给率越小，切屑厚度越薄，刀片所承受的切削力越小，同时切削所损耗的功率也越小，产生的切削热越少，刀片磨损量越小，刀片使用寿命越长。

4.5　基于温度效应的后刀面磨损模型

4.5.1　后刀面磨损模型

硬质合金涂层刀片加工 TC17 整体叶盘通道时，在高温、高应力作用下，磨损机理十分复杂。本节只研究硬质合金涂层刀片后面磨损量，且只考虑磨粒磨损、黏结磨损和扩散磨损对后刀面磨损的作用。基于 Takeyama 和 Usui 的刀具磨损模型，考虑热力耦合作用，建立基于温度效应的后刀面磨损模型（将 600℃作为温度阈值）为

$$\left.\begin{array}{l} \dfrac{\mathrm{d}w}{\mathrm{d}t} = \dfrac{\mathrm{d}w_{\text{磨粒}}}{\mathrm{d}t} + \dfrac{\mathrm{d}w_{\text{黏结}}}{\mathrm{d}t}, \quad T < 600℃ \\[3mm] \dfrac{\mathrm{d}w}{\mathrm{d}t} = \dfrac{\mathrm{d}w_{\text{黏结}}}{\mathrm{d}t} + \dfrac{\mathrm{d}w_{\text{扩散}}}{\mathrm{d}t}, \quad T \geqslant 600℃ \end{array}\right\} \tag{4-1}$$

（1）磨粒磨损率 $w_{\text{磨粒}}$ 的计算。基于 Rainwicz 的，磨粒磨损率计算公式为

$$\dfrac{\mathrm{d}w_{\text{磨粒}}}{\mathrm{d}t} = \left(\dfrac{2W\tan\theta}{\pi H}\right)v = Gv \tag{4-2}$$

式中：v——切削速度；

G——取值 2.37×10^{-11}。

（2）黏结磨损率 $w_{\text{黏结}}$ 的计算。根据 Usui 的黏结磨损模型，黏结磨损率计算公式为

$$\dfrac{\mathrm{d}w_{\text{黏结}}}{\mathrm{d}t} = A_{\mathrm{w}} \cdot \sigma_{\mathrm{n}} \cdot v \cdot \mathrm{e}^{-B_{\mathrm{w}}/(273+T)} \tag{4-3}$$

式中：σ_{n}——正压力；

T——切削温度；

A_{w}、B_{w}——磨损特性常数，通过磨损标定实验得到，本节 A_{w} 取值 0.000 4，B_{w} 取值 7 000。

（3）扩散磨损率 $w_{\text{扩散}}$ 的计算。根据相关文献后刀面扩散磨损模型，扩散磨

损率为

$$\frac{\mathrm{d}w_{扩散}}{\mathrm{d}t}=\frac{2C_0}{\rho}\left(\frac{vD_0}{\pi x}\right)^{1/2}\mathrm{e}^{-Q/2R_Q(273+T)} \tag{4-4}$$

式中：C_0——扩散物质的浓度，硬质合金 $C_0=0.025\,3\,\mathrm{mol/mm^3}$；

$\quad\quad\rho$——刀具材料密度，硬质合金 $\rho=14.9\times10^3\,\mathrm{kg/m^3}$；

$\quad\quad D_0$——方程式系数，硬质合金 $D_0=1.9\,\mathrm{mm^2/s}$；

$\quad\quad Q$——激活能，硬质合金 $Q=114.4\,\mathrm{kJ/mol}$；

$\quad\quad R_Q$——气体常数，$R_Q=8.315\times10^{-3}\,\mathrm{kJ/mol/°K}$；

$\quad\quad v$——后刀面与已加工表面的相对滑动速度；

$\quad\quad x$——后刀面与工件接触区域任一点到刀刃的距离。

将上述物理量代入公式（4-4）可得扩散磨损率 $w_{扩散}$ 为

$$\frac{\mathrm{d}w_{扩散}}{\mathrm{d}t}=2.64\left(\frac{v}{x}\right)^{1/2}\mathrm{e}^{-6\,879/(273+T)} \tag{4-5}$$

将公式（4-2）、公式（4-3）和公式（4-5）代入公式（4-1）可得考虑温度效应的硬质合金刀具后刀面磨损模型：

$$\left.\begin{aligned}\frac{\mathrm{d}w}{\mathrm{d}t}&=Gv+0.000\,4\cdot\sigma_n\cdot v\cdot\mathrm{e}^{-7\,000/(273+T)}, & T<600℃\\[2mm]\frac{\mathrm{d}w}{\mathrm{d}t}&=0.000\,4\cdot\sigma_n\cdot v\cdot\mathrm{e}^{-7\,000/(273+T)}+2.64\left(\frac{v}{x}\right)^{1/2}\mathrm{e}^{-687\,9/(273+T)}, & T\geqslant600℃\end{aligned}\right\} \tag{4-6}$$

4.5.2 后刀面磨损模型验证

为了验证 4.5.1 节的后刀面磨损模型，选择切削斜角通道、切削速度 90m/min、每齿进给率 0.045mm/z 为验证工艺参数。根据 4.4.2 节的测量结果，选择第 1 组的中间刀片的磨损量作为参考，将第 2 章的切削力与第 3 章的切削温度代入公式（4-6），可以得到不同切削阶段的刀具磨损量，如图 4-31 所示。后刀面磨损量的预测值与测量值很接近，预测结果表明该模型可以准确预测后刀面磨损量。

由图 4-31 可知后刀面磨损量的预测值明显小于测量值，这是由于预测模型中没有考虑刀片的径向跳动和测量误差所引起的。由于刀具安装和制造过程中的误差导致刀片的径向跳动，且每个刀片的径向跳动量不同，径向跳动对刀片的磨损有较大影响。径向跳动量大的刀片，切削半径较大，磨损量较大；径向跳动量小的刀片，切削半径较小，磨损量较小。后刀面磨损量的测量是有一定误差的，由于测量过程中测量基准的选择人为因素影响较大，所以每次测量基准有一定的差别，造成了磨损量测量的误差。

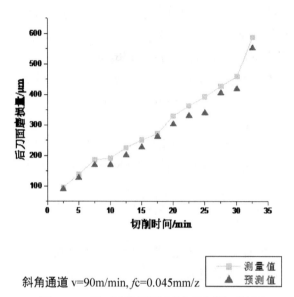

斜角通道 v=90m/min, f_c=0.045mm/z

图 4-31   后刀面磨损测量值与预测值对比图

4.6 本 章 小 结

本章开展了 TC17 整体叶盘通道盘铣加工实验，通过刀具扫描仪、扫描电镜和能谱分析，深入研究了刀片失效形貌演变过程，在此基础上探讨了刀片失效形式和刀片磨损机理，构建了基于温度效应的后刀面磨损模型，可以得出以下结论：

（1）无论切削直角通道还是斜角通道，左侧、中间和右侧三排刀片的后刀面磨损量差异较大；左侧刀片的左侧边、右侧刀片的右侧边有明显的边界磨损；每齿进给率对刀片磨损量的影响大于切削速度的影响；相同切削速度和每齿进给率下，切削直角通道的刀片磨损量显著大于切削斜角通道。

（2）刀片的主要失效形式为崩刃、沟槽磨损、边界磨损、月牙洼磨损、涂层剥落、积屑瘤、切屑黏结。

（3）刀片磨损机理主要为磨粒磨损、黏结磨损、扩散磨损、氧化磨损和热-机械疲劳的共同作用；前刀面的主要磨损机理为黏结磨损、扩散磨损和氧化磨损；后刀面的主要磨损机理为：黏结磨损、磨粒磨损和扩散磨损。

（4）建立了刀片后刀面磨损模型：切削温度小于 600℃时，黏结磨损和磨粒磨损起主导作用；切削温度大于 600℃时，黏结磨损和扩散磨损起主导作用，并对该模型进行了验证。

第5章 考虑刀具磨损的整体叶盘通道盘铣瞬时切削力和切削温度预测模型

5.1 引 言

刀具磨损在加工过程中是不可避免的，建立考虑刀具磨损的切削力和切削温度预测模型更符合加工机理和加工实际工况。本章首先建立考虑刀具后刀面磨损的切削力模型；提出摩擦强度系数的标定方法；通过实验验证该模型的准确性；对比分析考虑刀具磨损的盘铣刀切削力预测模型与未考虑刀具磨损的切削力预测模型。然后构建考虑后刀面磨损的后刀面温度预测模型；计算由后刀面磨损进入刀具的热流密度；利用红外热像仪测量刀片后刀面的温度，验证了本章提出模型的正确性；对比分析考虑刀具磨损的盘铣刀温度模型与未考虑刀具磨损的温度模型。最后探索刀具磨损对切削力和切削温度的影响规律。本章的研究路线如图 5-1 所示。

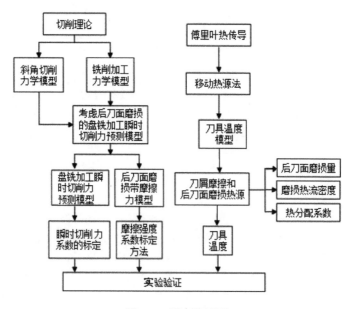

图 5-1 研究路线图

5.2　考虑刀具后刀面磨损的瞬时切削力预测模型

5.2.1　考虑刀具后刀面磨损的摩擦力模型

刀具磨损后，切削刃不完全"锋利"，刀面与工件的摩擦力增大，使切削力增大。本节不考虑前刀面磨损，只考虑刀具后刀面磨损的影响。刀具后刀面磨损带的摩擦力是根据磨损区域和工件之间的接触面积来确定的。根据国际标准，磨损带的宽度 VB 是在刀具切削刃平面和垂直于切削刃处测量的，因此，有效磨损量 VB' 实际上大于名义磨损量 VB，如图 5-2 所示。从图 5-3 可知，切削刃的有效接触长度 b' 和有效磨损量 VB' 为

$$b' = \frac{b}{\cos i} \tag{5-1}$$

$$VB' = \frac{VB}{\cos i} \tag{5-2}$$

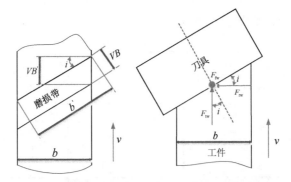

图 5-2　斜角切削时工件与刀具的接触区域与摩擦力

假设共线性条件成立，摩擦力在切削方向上的分力 F_{tw} 与切削速度共线，在进给方向的分力 F_{fw} 垂直于切削速度，没有法向分力。摩擦力模型为

$$\left.\begin{aligned} F_{tw} &= \int_0^{b'} C_{tw} VB \mathrm{d}b = \frac{C_{tw} \cdot b \cdot VB}{\cos i} \\ F_{fw} &= \int_0^{b'} C_{fw} VB \mathrm{d}b = \frac{C_{fw} \cdot b \cdot VB}{\cos i} \\ F_{rw} &= 0 \end{aligned}\right\} \tag{5-3}$$

式中：C_{tw}——切削方向的摩擦力强度系数，单位为 N/mm^2；

C_{fw}——进给方向的摩擦力强度系数，单位为 N/mm^2，可由标定实验确定。

对 2.3 节中所述盘铣刀磨损后加工过程中所受摩擦力情况进行分析。左侧、中间、右侧的刀片和工件的摩擦因数相同，因此三排刀片的切削方向和进给方向的摩擦力强度系数相同。假设刀片的切削刃已经磨损，第 i 个刀片的磨损量为 VB_i。沿盘铣刀轴向 Z_C 对可转位刀片进行离散化，将刀片分割成 m 个刀片单元；根据公式（5-3）和刀片的安装方式，第 i 个刀片的第 j 个单元的微刀刃所受摩擦力在切削方向的分力 $F_{tw,i,j}$ 和在进给方向的分力 $F_{fw,i,j}$ 为

$$\left.\begin{array}{l} F_{tw,i,j} = \dfrac{C_{tw} \cdot VB_i \cdot w_{i,j}}{\cos\gamma} \\[3mm] F_{fw,i,j} = \dfrac{C_{fw} \cdot VB_i \cdot w_{i,j}}{\cos\gamma} \\[3mm] F_{rw,i,j} = 0 \end{array}\right\} \qquad (5\text{-}4)$$

根据错齿盘铣刀刀片的安装特点，左侧、中间、右侧刀片微元刀刃所受摩擦力的情况有所不同，如图 5-3 所示。

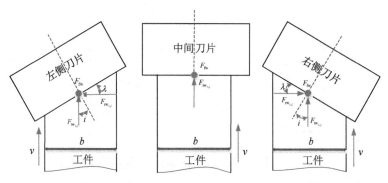

图 5-3　由磨损引起的左侧、中间、右侧刀片微元刀刃所受摩擦力情况

左侧刀片微元所受摩擦力为

$$\left.\begin{array}{l} F_{Ltw,i,j} = \dfrac{C_{tw} \cdot VB_i \cdot w_{i,j}}{\cos(-\gamma)} = \dfrac{C_{tw} \cdot VB_i \cdot w_{i,j}}{\cos\gamma} \\[3mm] F_{Lfw,i,j} = \dfrac{C_{fw} \cdot VB_i \cdot w_{i,j}}{\cos(-\gamma)} = \dfrac{C_{fw} \cdot VB_i \cdot w_{i,j}}{\cos\gamma} \\[3mm] F_{Lrw,i,j} = 0 \end{array}\right\} \qquad (5\text{-}5)$$

中间刀片微元所受摩擦力为

$$\left.\begin{array}{l} F_{\mathrm{Ctw},i,j}=\dfrac{C_{\mathrm{tw}}\cdot VB_i\cdot w_{i,j}}{\cos 0^{\circ}}=C_{\mathrm{tw}}\cdot VB_i\cdot w_{i,j} \\[3mm] F_{\mathrm{Cfw},i,j}=0 \\[2mm] F_{\mathrm{Crw},i,j}=0 \end{array}\right\}　（5-6）$$

右侧刀片微元所受摩擦力为

$$\left.\begin{array}{l} F_{\mathrm{Ltw},i,j}=\dfrac{C_{\mathrm{tw}}\cdot VB_i\cdot w_{i,j}}{\cos\gamma} \\[4mm] F_{\mathrm{Lfw},i,j}=\dfrac{C_{\mathrm{fw}}\cdot VB_i\cdot w_{i,j}}{\cos\gamma} \\[4mm] F_{\mathrm{Lrw},i,j}=0 \end{array}\right\}　（5-7）$$

5.2.2 考虑刀具后刀面磨损的瞬时切削力预测模型

考虑盘铣刀刀片磨损影响，加工过程中刀片微元所受的切削力由两部分组成：不考虑磨损影响的切削力与由刀片磨损引起的摩擦力。由公式（2-22）和公式（5-4）可得，考虑磨损影响的刀片微元所受切削力为

$$\left.\begin{array}{l} F'_{\mathrm{NT},i,j}(\varphi)=F_{\mathrm{NT},i,j}(\varphi)+F_{\mathrm{Ntw},i,j}(\varphi) \\[2mm] F'_{\mathrm{NR},i,j}(\varphi)=F_{\mathrm{NR},i,j}(\varphi)+F_{\mathrm{Nfw},i,j}(\varphi),N=\mathrm{L、R、C} \\[2mm] F'_{\mathrm{NA},i,j}(\varphi)=F_{\mathrm{NA},i,j}(\varphi)+F_{\mathrm{Nrw},i,j}(\varphi) \end{array}\right\}　（5-8）$$

将公式（2-24）～公式（2-26）和公式（5-5）～公式（5-7）代入公式（5-8），可以得到考虑磨损影响的左侧、中间、右侧刀片的切削力分别为

$$\left.\begin{array}{l} F'_{\mathrm{LT},i,j}(\varphi)=\dfrac{\tau_s\cdot w_{i,j}\cdot h_{\mathrm{L},i,j}\left(\kappa_{i,j}(\varphi)\right)}{\sin\varphi_{\mathrm{n}}}\dfrac{\cos(\beta_{\mathrm{n}}-\alpha_{\mathrm{n}})+\tan\gamma\tan\eta\sin\beta_{\mathrm{n}}}{\sqrt{\cos^2(\varphi_{\mathrm{n}}+\beta_{\mathrm{n}}-\alpha_{\mathrm{n}})+\tan^2\eta\sin^2\beta_{\mathrm{n}}}}+\dfrac{C_{\mathrm{tw}}\cdot VB_i\cdot w_{i,j}}{\cos\gamma} \\[5mm] F'_{\mathrm{LR},i,j}(\varphi)=\dfrac{\tau_s\cdot w_{i,j}\cdot h_{\mathrm{L},i,j}\left(\kappa_{i,j}(\varphi)\right)}{\sin\varphi_{\mathrm{n}}\cos\gamma}\dfrac{\sin(\beta_{\mathrm{n}}-\alpha_{\mathrm{n}})}{\sqrt{\cos^2(\varphi_{\mathrm{n}}+\beta_{\mathrm{n}}-\alpha_{\mathrm{n}})+\tan^2(-\eta)\sin^2\beta_{\mathrm{n}}}}+\dfrac{C_{\mathrm{fw}}\cdot VB_i\cdot w_{i,j}}{\cos\gamma} \\[5mm] F'_{\mathrm{LA},i,j}(\varphi)=-\dfrac{\tau_s\cdot w_{i,j}\cdot h_{\mathrm{L},i,j}\left(\kappa_{i,j}(\varphi)\right)}{\sin\varphi_{\mathrm{n}}}\dfrac{\cos(\beta_{\mathrm{n}}-\alpha_{\mathrm{n}})\tan\gamma-\tan\eta\sin\beta_{\mathrm{n}}}{\sqrt{\cos^2(\varphi_{\mathrm{n}}+\beta_{\mathrm{n}}-\alpha_{\mathrm{n}})+\tan^2\eta\sin^2\beta_{\mathrm{n}}}} \end{array}\right\}　（5-9）$$

$$F_{\mathrm{CT},i,j}^{'}(\varphi) = \frac{\tau_{\mathrm{s}} \cdot w_{i,j} \cdot h_{\mathrm{L},i,j}\left(\kappa_{i,j}(\varphi)\right) \cdot \cos(\beta_{\mathrm{a}} - \alpha_{\mathrm{r}})}{\sin \varphi_{\mathrm{c}} \cos(\varphi_{\mathrm{c}} + \beta_{\mathrm{a}} - \alpha_{\mathrm{r}})} + C_{\mathrm{tw}} \cdot VB_i \cdot w_{i,j}$$

$$\left. F_{\mathrm{CR},i,j}^{'}(\varphi) = \frac{\tau_{\mathrm{s}} \cdot w_{i,j} \cdot h_{\mathrm{L},i,j}\left(\kappa_{i,j}(\varphi)\right) \cdot \sin(\beta_{\mathrm{a}} - \alpha_{\mathrm{r}})}{\sin \varphi_{\mathrm{c}} \cos(\varphi_{\mathrm{c}} + \beta_{\mathrm{a}} - \alpha_{\mathrm{r}})} \right\} \quad (5\text{-}10)$$

$$F_{\mathrm{LA},i,j}^{'}(\varphi) = 0$$

$$F_{\mathrm{RT},i,j}^{'}(\varphi) = \frac{\tau_{\mathrm{s}} \cdot w_{i,j} \cdot h_{\mathrm{L},i,j}\left(\kappa_{i,j}(\varphi)\right)}{\sin \varphi_{\mathrm{n}}} \frac{\cos(\beta_{\mathrm{n}} - \alpha_{\mathrm{n}}) + \tan \gamma \tan \eta \sin \beta_{\mathrm{n}}}{\sqrt{\cos^2(\varphi_{\mathrm{n}} + \beta_{\mathrm{n}} - \alpha_{\mathrm{n}}) + \tan^2 \eta \sin^2 \beta_{\mathrm{n}}}} + \frac{C_{\mathrm{tw}} \cdot VB_i \cdot w_{i,j}}{\cos \gamma}$$

$$\left. F_{\mathrm{RR},i,j}^{'}(\varphi) = \frac{\tau_{\mathrm{s}} \cdot w_{i,j} \cdot h_{\mathrm{L},i,j}\left(\kappa_{i,j}(\varphi)\right)}{\sin \varphi_{\mathrm{n}} \cos \gamma} \frac{\sin(\beta_{\mathrm{n}} - \alpha_{\mathrm{n}})}{\sqrt{\cos^2(\varphi_{\mathrm{n}} + \beta_{\mathrm{n}} - \alpha_{\mathrm{n}}) + \tan^2 \eta \sin^2 \beta_{\mathrm{n}}}} + \frac{C_{\mathrm{fw}} \cdot VB_i \cdot w_{i,j}}{\cos \gamma} \right\}$$

$$F_{\mathrm{RA},i,j}^{'}(\varphi) = \frac{\tau_{\mathrm{s}} \cdot w_{i,j} \cdot h_{\mathrm{L},i,j}\left(\kappa_{i,j}(\varphi)\right)}{\sin \varphi_{\mathrm{n}}} \frac{\cos(\beta_{\mathrm{n}} - \alpha_{\mathrm{n}}) \tan \gamma - \tan \eta \sin \beta_{\mathrm{n}}}{\sqrt{\cos^2(\varphi_{\mathrm{n}} + \beta_{\mathrm{n}} - \alpha_{\mathrm{n}}) + \tan^2 \eta \sin^2 \beta_{\mathrm{n}}}}$$

$$(5\text{-}11)$$

由图 2-9 可知，通过下列变换作用在左、右侧刀片单元上的切向、径向和轴向力可以分解到 X_{C}、Y_{C} 和 Z_{C} 方向为

$$\left[F_{N X_{\mathrm{C}},i,j}^{'}(\varphi), F_{N Y_{\mathrm{C}},i,j}^{'}(\varphi), F_{N Z_{\mathrm{C}},i,j}^{'}(\varphi)\right]^{\mathrm{T}} = \boldsymbol{T}_4\left[\kappa_{i,j}(\varphi)\right]\left[F_{N T,i,j}^{'}(\varphi), F_{N R,i,j}^{'}(\varphi), F_{N A,i,j}^{'}(\varphi)\right]^{\mathrm{T}}$$
$$(N = \mathrm{L}、\mathrm{R})$$

$$(5\text{-}12)$$

式中：

$$\boldsymbol{T}_4\left(\kappa_{i,j}(\varphi)\right) = \begin{bmatrix} -\cos \kappa_{i,j}(\varphi) & -\sin \kappa_{i,j}(\varphi) & 0 \\ -\sin \kappa_{i,j}(\varphi) & \cos \kappa_{i,j}(\varphi) & 0 \\ 0 & 0 & 1 \end{bmatrix} \quad (5\text{-}13)$$

由图 2-9 可知，通过下列变换作用在中间刀片单元上的切向力和进给力可以分解到 Y_{C} 和 Z_{C} 方向为

$$\left[F_{C Y_{\mathrm{C}},i,j}^{'}(\varphi), F_{C Z_{\mathrm{C}},i,j}^{'}(\varphi)\right]^{\mathrm{T}} = \boldsymbol{T}_5\left[\kappa_{i,j}(\varphi)\right]\left[F_{C T,i,j}^{'}(\varphi), F_{C F,i,j}^{'}(\varphi)\right]^{\mathrm{T}} \quad (5\text{-}14)$$

式中：

$$\boldsymbol{T}_5\left[\kappa_{i,j}\left(\varphi\right)\right]=\begin{bmatrix} -\cos\kappa_{i,j}\left(\varphi\right) & -\sin\kappa_{i,j}\left(\varphi\right) \\ -\sin\kappa_{i,j}\left(\varphi\right) & \cos\kappa_{i,j}\left(\varphi\right) \end{bmatrix} \tag{5-15}$$

作用在 X_C、Y_C 和 Z_C 方向的切削力为

$$\left.\begin{aligned} F_{X_C}^{'}\left(\varphi\right) &= \sum_{i,j}g\left[\kappa_{i,j}\left(\varphi\right)\right]\left[F_{\mathrm{LX}_C,i,j}^{'}\left(\varphi\right)+F_{\mathrm{RX}_C,i+2,j}^{'}\left(\varphi\right)\right] \\ F_{Y_C}^{'}\left(\varphi\right) &= \sum_{i,j}g\left[\kappa_{i,j}\left(\varphi\right)\right]\left[F_{\mathrm{LY}_C,i,j}^{'}\left(\varphi\right)+F_{\mathrm{CY}_C,i+1,j}^{'}\left(\varphi\right)+F_{\mathrm{RY}_C,i+2,j}^{'}\left(\varphi\right)\right] \\ F_{Z_C}^{'}\left(\varphi\right) &= \sum_{i,j}g\left[\kappa_{i,j}\left(\varphi\right)\right]\left[F_{\mathrm{LZ}_C,i,j}^{'}\left(\varphi\right)+F_{\mathrm{CZ}_C,i+1,j}^{'}\left(\varphi\right)+F_{\mathrm{RZ}_C,i+2,j}^{'}\left(\varphi\right)\right] \end{aligned}\right\} \tag{5-16}$$

作用在机床坐标系 X、Y 和 Z 方向的切削力为

$$\left[F_{X,i,j}^{'}\left(\varphi\right),F_{Y,i,j}^{'}\left(\varphi\right),F_{Z,i,j}^{'}\left(\varphi\right)\right]^{\mathrm{T}}=\boldsymbol{T}_6\left(\theta\right)\left[F_{X_C,i,j}^{'}\left(\varphi\right),F_{Y_C,i,j}^{'}\left(\varphi\right),F_{Z_C,i,j}^{'}\left(\varphi\right)\right]^{\mathrm{T}} \tag{5-17}$$

式中：

$$\boldsymbol{T}_6\left(\theta\right)=\begin{bmatrix} \cos\theta & 0 & \sin\theta \\ 0 & 1 & 0 \\ -\sin\theta & 0 & \cos\theta \end{bmatrix} \tag{5-18}$$

式中：θ ——盘铣刀加工时沿 B_1 轴的旋转角度。

5.2.3 摩擦力强度系数的标定方法及标定结果

采用 2.5 节所述的实验设备与刀具，应用表 5-1 所列出的实验 1~实验 4 进行摩擦力强度系数的标定。应用不同的刀片磨损量进行标定实验，实验 1~实验 4，每个实验重复做两次，且两次分别选用不同的刀片磨损量进行，第一次刀片后刀面平均磨损量为 0.05mm，第二次刀片后刀面平均磨损量为 0.1mm。

表 5-1　实验参数表

实验数	刀具旋转角度/ （°）	每齿进给率/ （mm·z^{-1}）	切削速度/ （m·min^{-1}）	轴向切深/ mm
1	90	0.015	70	2
2	90	0.080	30	1.5
3	90	0.020	50	2

续表

实验数	刀具旋转角度/ （°）	每齿进给率/ （mm·z⁻¹）	切削速度/ （m·min⁻¹）	轴向切深/ mm
4	90	0.090	55	1.5
5	50	0.045	75	15
6	50	0.030	60	15
7	90	0.045	75	15
8	90	0.030	60	15

  本节所做实验 1~实验 4 与第 2 章的标定实验 1~实验 4 工艺参数相同，刀具磨损量不同，第 2 章实验中假设刀具"完全锋利"，本节设置刀片后刀面磨损量 0.05mm 和 0.10mm 分别做两组实验。根据公式（2-22）和公式（5-8）可知，刀具"完全锋利"的切削力和后刀面磨损后的切削力的偏差是由后刀面磨损带与工件之间的摩擦力引起的，该值的大小可由公式（5-4）计算。本节的标定实验与第 2 章的标定实验方法相同。标定实验测得切削力后，根据第 2 章的研究成果，可以计算出刀具"完全锋利"的切削力。本节所测切削力与"完全锋利"切削力之差就是后刀面磨损带与工件之间的摩擦力，应用公式（5-4）即可以把磨损强度系数计算出来，然后应用最小二乘法拟合数据，得到摩擦力强度系数，如图 5-4 和图 5-5 所示。

  由图 5-4 和图 5-5 可知：刀片平均磨损量为 0.05mm 时，刀片的切向和径向摩擦力强度系数分别为 249.2N/mm² 和 66.9 N/mm²；刀片平均磨损量为 0.1mm 时，刀片切向和径向摩擦力强度系数分别为 254.7N/mm² 和 63.4N/mm²。取两组标定实验结果的平均值作为摩擦力强度系数，刀片切向和径向摩擦力强度系数分别为 251.95N/mm² 和 65.15N/mm²。

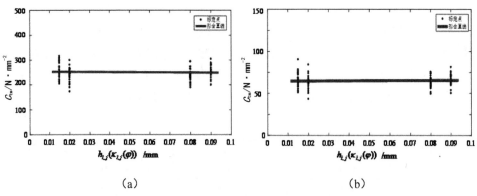

（a）   （b）

图 5-4   刀片摩擦力强度系数（刀片平均磨损量 0.05mm）
(a)从实验 1~实验 4 计算得到的刀具 A 切向摩擦力强度系数；
(b)从实验 1~实验 4 计算得到的刀具 A 径向摩擦力强度系数

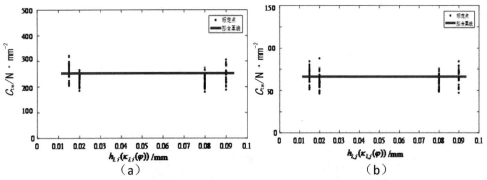

（a）　　　　　　　　　　　　　（b）

图 5-5　刀片摩擦力强度系数（刀片平均磨损量 0.1mm）

(a)从实验 1~实验 4 计算得到的刀具 A 切向摩擦力强度系数；

(b)从实验 1~实验 4 计算得到的刀具 A 径向摩擦力强度系数

5.2.4 考虑刀具后刀面磨损的瞬时切削力预测模型验证

应用表 5-1 中的实验 5~实验 8 验证考虑刀具后刀面磨损的瞬时切削力预测模型。实验 5 和实验 6 的刀片平均磨损量为 0.15mm，实验 7 和实验 8 的刀片平均磨损量为 0.2mm。实验结果和预测结果对比如图 5-6 和图 5-7 所示。图 5-6 中的 F_Y'、F_Z' 为刀片平均磨损量为 0.15mm 时，实验 5 和实验 6 的 Y 向与 Z 向切削力测量与预测结果；F_Y、F_Z 为表 2-4 中实验 7 和实验 8 不考虑刀具磨损的 Y 向与 Z 向切削力测量与预测结果（表 5-1 的实验 5、实验 6 与表 2-4 的实验 7、实验 8 的切削参数相同）。考虑刀具磨损量的切削力测量值与预测值吻合度较高，证明了本节提出的考虑后刀面磨损的切削力模型的正确性。考虑刀具磨损的切削力测量值比不考虑刀具磨损的切削力测量值大，考虑刀具后刀面磨损的切削力预测模型更符合切削机理和实际加工情况。后刀面磨损后的切削力测量值波动比无磨损时的测量值大，是后刀面磨损不均匀所造成的。

图 5-8 和图 5-9 中的 F_Y'、F_Z' 为刀片平均磨损量为 0.20mm 时，实验 7 和实验 8 的 Y 向与 Z 向切削力测量与预测结果；F_Y、F_Z 为表 2-4 中实验 9 和实验 10 不考虑刀具磨损的 Y 向与 Z 向切削力测量与预测结果（表 5-1 的实验 7、实验 8 与表 2-4 的实验 9、实验 10 的切削参数相同）。考虑刀具磨损量的切削力测量值与预测值相差较小，证明了本节提出的切削力模型可以准确地预测后刀面磨损后的切削力数值和趋势。刀具磨损后的切削力测量值比刀具未磨损的切削力测量值大，说明刀具磨损对切削力的影响很大，在切削力预测中忽略它的影

响是不科学的。

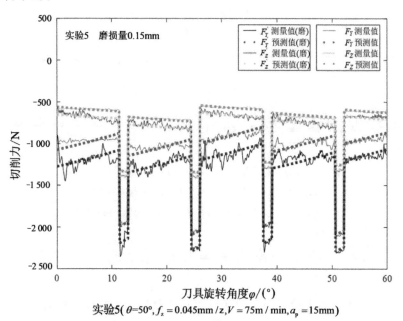

实验5(θ=50°, f_z = 0.045mm /z, V = 75m / min, a_p = 15mm)

图 5-6 实验 5 考虑后刀面磨损的切削力预测值与测量值对比图

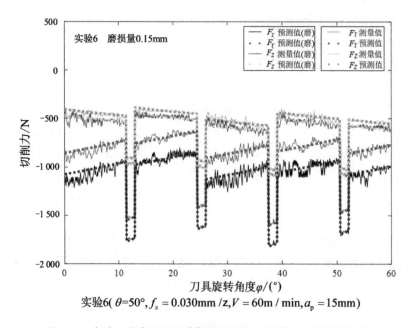

实验6(θ=50°, f_z = 0.030mm /z, V = 60m / min, a_p = 15mm)

图 5-7 实验 6 考虑后刀面磨损的切削力预测值与测量值对比图

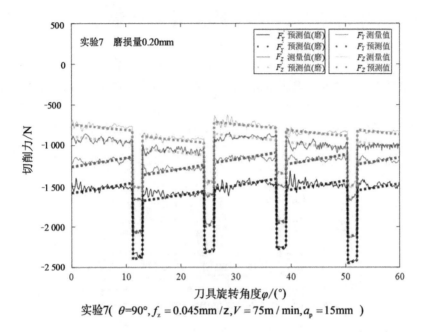

实验7($\theta=90°$, $f_z = 0.045\text{mm} / \text{z}, V = 75\text{m} / \text{min}, a_p = 15\text{mm}$)

图 5-8   实验 7 考虑后刀面磨损的切削力预测值与测量值对比图

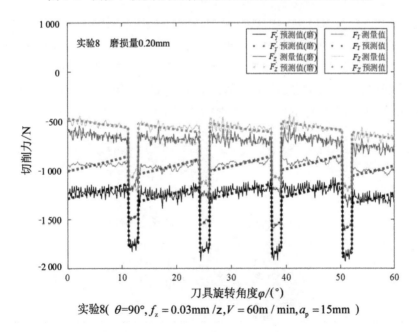

实验8($\theta=90°$, $f_z = 0.03\text{mm} / \text{z}, V = 60\text{m} / \text{min}, a_p = 15\text{mm}$)

图 5-9   实验 8 考虑后刀面磨损的切削力预测值与测量值对比图

5.3 考虑后刀面磨损的刀具瞬时温度预测模型

刀具后刀面磨损后,后刀面与工件的摩擦接触区域增大,如图 5-10 所示,摩擦力随之增大,产生的摩擦热也增大。在加工过程中,后刀面磨损之后进入刀具和工件的热流密度会发生变化。因此,建立工件和刀具切削温度模型时应考虑刀具后刀面磨损的影响。本节将研究考虑后刀面磨损的刀具瞬时切削温度预测模型。

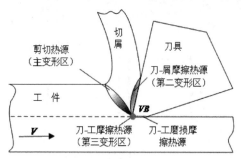

图 5-10 刀具后刀面磨损后切削热源分布区域

5.3.1 考虑后刀面磨损的刀具温度场分析

后刀面磨损后,加工过程中磨损带与工件之间摩擦产生热源,使刀片的温度升高。后刀面与工件之间的接触面可以近似为矩形。在加工前,刀片导热体有稳定的温度。加工开始后,刀片表面的热源开始加热刀片导热体。从传热学的角度出发,分析温度变化时,这样的导热体可以假定为半无限体。因此,可以将刀片看作一个半无限大体,刀片与工件的接触面上的热源随时间变化,如图 5-11 所示。

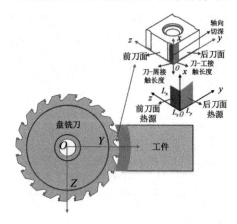

图 5-11 盘铣刀刀片后刀面磨损带与工件接触面热源示意图

用格林函数可以求解公式（3-43）的热传导方程。在点 $x=x_{\mathrm{p}}$、$y=y_{\mathrm{p}}$、$z=0$ 处，t 时刻由瞬时点热源引起的半无限大体内任意点的温升，用格林函数可以表示为

$$G\left(x,y,z,x_{\mathrm{p}},0,z_{\mathrm{p}},D_1\right)=\frac{2}{\left(D_1\sqrt{\pi}\right)^3}\exp\left(\frac{-z^2}{D_1^2}\right)\cdot\left\{\exp\left[\frac{-\left(x+x_{\mathrm{p}}\right)^2}{D_1^2}\right]+\exp\left[\frac{-\left(x-x_{\mathrm{p}}\right)^2}{D_1^2}\right]\right\}\cdot$$

$$\left\{\exp\left[\frac{-\left(y+y_{\mathrm{p}}\right)^2}{D_1^2}\right]+\exp\left[\frac{-\left(y-y_{\mathrm{p}}\right)^2}{D_1^2}\right]\right\}$$

$$\tag{5-19}$$

$$D_1=2\sqrt{\alpha_{\mathrm{tool}}\left(t-\tau\right)}\tag{5-20}$$

根据 Osakis 理论，G 函数满足控制方程和边界条件的其次形式，半无限大角温度场 $T\left(x,y,z,t\right)$ 的解为

$$T\left(x,y,z,t\right)=\frac{\alpha_{\mathrm{tool}}}{\lambda_{\mathrm{tool}}}\int_0^t\int_0^{L_x}\int_0^{L_y}G\left(x,y,z,x_{\mathrm{p}},y_{\mathrm{p}},0,D_1\right)Q_{\mathrm{wtool}}\left(x_{\mathrm{p}},y_{\mathrm{p}},\tau\right)\mathrm{d}x_{\mathrm{p}}\mathrm{d}y_{\mathrm{p}}\mathrm{d}\tau\tag{5-21}$$

热流密度的大小受刀具-切屑接触的摩擦系数的强烈影响。

利用公式（3-59）解温度方程，首先需要计算格林函数内部的二重积分，即

$$G_{\mathrm{R}}\left(x,y,z,L_x,L_y,D_2\right)=\int_0^{L_x}\int_0^{L_y}G\left(x,y,z,x_{\mathrm{p}},y_{\mathrm{p}},0,D_1\right)\mathrm{d}x_{\mathrm{p}}\mathrm{d}z_{\mathrm{p}}$$

$$=\frac{2}{\left(D_2\sqrt{\pi}\right)^3}\exp\left(\frac{-z^2}{D_2^2}\right)\cdot\left\{\exp\left[\frac{-\left(x+x_{\mathrm{p}}\right)^2}{D_2^2}\right]+\exp\left[\frac{-\left(x-x_{\mathrm{p}}\right)^2}{D_2^2}\right]\right\}\cdot$$

$$\left\{\exp\left[\frac{-\left(y+y_{\mathrm{p}}\right)^2}{D_2^2}\right]+\exp\left[\frac{-\left(y-y_{\mathrm{p}}\right)^2}{D_2^2}\right]\right\}$$

$$\tag{5-22}$$

结合公式（3-50）和公式（3-51），可得格林函数的内部二重积分

$$G_{\mathrm{R}}\left(x,y,z,L_x,L_y,D_1\right)=\frac{2}{\left(D_2\sqrt{\pi}\right)^3}\exp\left(\frac{-z^2}{D_1^2}\right)\cdot G_u\left(x,L_x,D_2\right)\cdot G_u\left(y,L_y,D_2\right)$$

$$\tag{5-23}$$

由后刀面磨损与工件摩擦热源引起的刀具内部温度场的解

$$T(x,y,z,t) = \frac{\alpha_{\text{tool}}}{\lambda_{\text{tool}}} \int_0^t G(x,y,z,\beta,L_x,L_y,D_1) q_{\text{w}}(\tau) \mathrm{d}\tau +$$

$$\frac{\alpha_{\text{tool}}}{\lambda_{\text{tool}}} \int_0^t \frac{1}{2D_1\sqrt{\pi}} \exp\left(\frac{-y^2}{D_1^2}\right) \cdot G_{\text{L}}(x,L_x,\beta,D_1) \cdot G_{\text{u}}(y,L_y,D_1) q_{\text{w}}(\tau) \mathrm{d}\tau$$

$$（5\text{-}24）$$

式中：

$$G_{\text{L}}(x,\beta,L_x,D_1) = \frac{1}{1-\beta_1}\left(1 - \frac{y}{L_y}\right) \cdot \left(G_{\text{u}}(x,L_x,D_1) - G_{\text{u}}(x,\beta_1,L_x,D_1)\right)$$

$$（5\text{-}25）$$

本书研究的考虑刀片后刀面磨损的摩擦瞬时热源的热流密度和热源长度为

$$q_{\text{w}}(\tau) = q_{\text{wm}} \frac{\sin\left(\dfrac{\tau}{\tau_1} \times \varphi_{\text{c}}\right)}{\sin\varphi_{\text{c}}}$$

$$（5\text{-}26）$$

$$L_z(\tau) = VB \cdot \sin\left(\frac{\tau}{\tau_1} \times \varphi_{\text{c}}\right)$$

$$（5\text{-}27）$$

计算由刀片前刀面与切屑之间摩擦热源和后刀面与工件之间摩擦热源共同作用的刀片内部温度场，可以将前刀面与切屑之间摩擦热源的刀片内部温度场和后刀面与工件之间摩擦热源引起的刀片内部温度场进行叠加，结合公式（3-53）和公式（5-24），刀片内部温度场为

$$T(x,y,z,t) = \frac{\alpha_{\text{tool}}}{\lambda_{\text{tool}}} \int_0^t \left[G(x,y,z,\beta,L_x,L_y,D_1)q(\tau) + G(x,y,z,\beta,L_x,L_z,D_1)q_{\text{w}}(\tau) \right]\mathrm{d}\tau$$

$$+ \frac{\alpha_{\text{tool}}}{2\sqrt{\pi}\lambda_{\text{tool}}D_1} \int_0^t \exp\left(\frac{-y^2}{D_1^2}\right) \cdot G_{\text{L}}(x,L_x,\beta,D_1) \cdot \left[G_{\text{u}}(y,L_y,D_1)q(\tau) + G_{\text{u}}(x,L_x,D_1)q_{\text{w}}(\tau) \right]\mathrm{d}\tau$$

$$（5\text{-}28）$$

5.3.2 考虑刀片磨损的后刀面切削热流密度分析

假设刀片后刀面与工件之间的摩擦功全部转化为切削热，后刀面的平均磨损量为 VB，假设刀具与工件的接触长度为后刀面的平均磨损量 VB，单位时间内产生的热流密度 q_w 为

$$q_w = \frac{F_{tw} \cdot v}{VB \cdot b} \tag{5-29}$$

式中：F_{tw}——刀具磨损后刀-工摩擦力；

v——切削速度；

b——切削宽度。

进入刀具的热流密度 q_{wm} 为

$$q_{wm} = R_w \cdot q_w \tag{5-30}$$

进入刀具的刀-工摩擦热量分配系数 R_w 可以根据 Berliner 和 Krainov 的模型进行计算，即

$$R_w = 1 - \left(1 + \frac{\pi VB}{2h \cdot P_e \cdot \ln(2b / VB)}\right)^{-1} \tag{5-31}$$

$$P_e = \frac{v \cdot VB}{\alpha_{tool}} \tag{5-32}$$

式中：α_{tool}——刀具材料的热扩散率。

根据 5.2 节可以得到刀具磨损后刀-工摩擦力 F_{tw}。根据公式（5-29）~公式（5-32）可以得到刀具磨损后刀-工摩擦热源进入刀具的热流密度 q_{wm}。每齿进给率为 0.015mm/z、0.03mm/z 和 0.045mm/z，切削速度为 60m/min、75m/min 和 90m/min，后刀面磨损量为 0（未考虑刀具磨损）、0.1mm 和 0.2mm 时，盘铣加工整体叶盘直角通道和斜角通道的后刀面温度预测图，分别如图 5-12~图 5-14 所示。

由图 5-12~图 5-14 可知，切削直角通道时，当切削速度为 90m/min，每齿进给率为 0.015mm/z，刀片后刀面未磨损时（不考虑刀具磨损），刀刃的预测温度为483.9℃；后刀面磨损量为 0.1mm，刀刃的预测温度为 553.6℃，比后刀面未磨损时的刀刃温度升高了 69.7℃；后刀面磨损量为 0.2mm，刀刃的预测温度为 598.6℃，比后刀面未磨损时的刀刃温度升高了 114.7℃；随着后刀面从未磨损到磨损量从0.1mm 增加到 0.02mm，刀刃温度分别升高了 69.7℃、114.7℃；随着后刀面磨损

量的增加，刀刃温度逐渐升高，且温度升高的幅度也增加。切削斜角通道时，当切削速度为 90m/min，每齿进给率为 0.015mm/z，刀片后刀面未磨损时（不考虑刀具磨损），刀刃的预测温度为 509.7℃；后刀面磨损量为 0.1mm，刀刃的预测温度为 571.2℃；后刀面磨损量为 0.2mm，刀刃的预测温度为 523.7℃。刀刃切削温度随着后刀面磨损量的增加而升高。

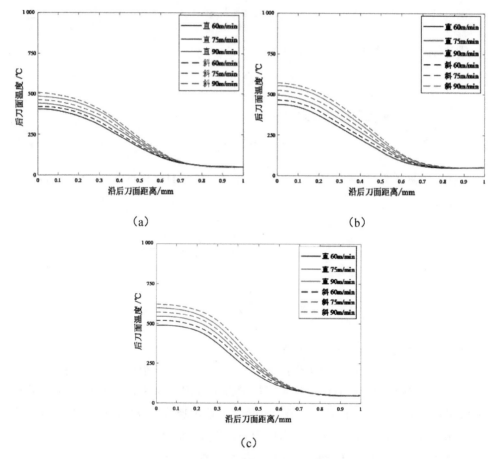

（a）   （b）

（c）

图 5-12   盘铣加工整体叶盘通道的后刀面温度预测图 1

（a）锋利刀具(不考虑刀具磨损）每齿进给率 0.015mm/z；

（b）后刀面磨损量 0.1mm 每齿进给率 0.015mm/z；

（c）后刀面磨损量 0.2mm 每齿进给率 0.015mm/z

当切削速度和每齿进给率相同时，后刀面磨损从 0（未考虑刀具磨损）增加到 0.2mm 时，后刀面温度随着磨损量的增加而显著升高，随着刀具的磨损，后面的温度梯度增大；相同切削速度和后刀面磨损量下，随着每齿进给率的增加后刀面温度升高；相同每齿进给率和后刀面磨损量下，随着切削速度的提高切削温度升高；切削速度、每齿进给率和后刀面平均磨损量相同时，加工斜角通道的后刀面温度高于加工直角通道。沿后刀面 0~0.2mm 附近的区域内刀具温度缓慢下降，从 0.2mm 附近的位置开始刀具温度下降速度加快，到 0.7mm 附近刀具温度趋于平缓，接近于室温。

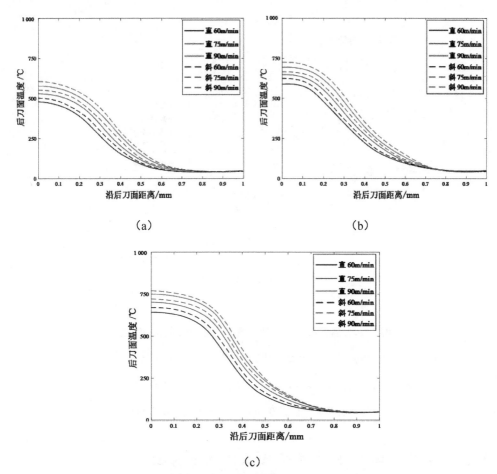

图 5-13　盘铣加工整体叶盘通道的后刀面温度预测图 2

（a）锋利刀具(不考虑刀具磨损) 每齿进给率 0.030mm/z；

（b）后刀面磨损量 0.1mm 每齿进给率 0.030mm/z；

（c）后刀面磨损量 0.2mm 每齿进给率 0.030mm/z

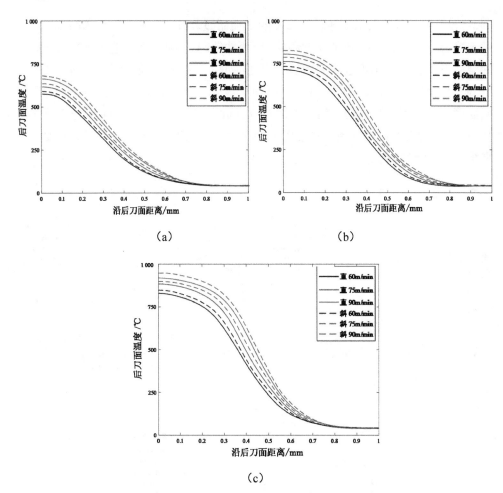

（a）　　　　　　　　　　　　（b）

（c）

图 5-14　盘铣加工整体叶盘通道的后刀面温度预测图 3

（a）锋利刀具(不考虑刀具磨损) 每齿进给率 0.045mm/z；

（b）后刀面磨损量 0.1mm 每齿进给率 0.045mm/z；

（c）后刀面磨损量 0.2mm 每齿进给率 0.045mm/z

5.3.3 盘铣整体叶盘通道刀具温度测量实验

采用与第 3 章相同的实验机制、实验设备与检测设备，选用后刀面平均磨损量分别为 0.1mm 和 0.2mm 的刀片开展实验，切削参数见表 5-1。红外热像仪记录不同切削参数下的后刀面温度如图 5-15 所示。

图 5-15　盘铣加工整体叶盘通道的后刀面温度测量图

5.3.4 考虑后刀面磨损的刀具温度磨损验证及讨论

不同磨损量的后刀面预测温度与测量温度对比如图 5-16 所示。后刀面磨损量不同时，预测温度与测量温度均有相似的变化趋势，本节所提出的考虑后刀面磨损的温度预测模型可以准确预测刀具温度。

盘铣刀加工整体叶盘通道的刀片后刀面的温度测量值与预测值存在一定偏差，且测量值低于预测值，除 3.5.2 节描述的原因之外，是由以下原因引起的：①整体叶盘通道加工是半封闭的，加工过程中刀片的瞬时温度没有办法用红外测温仪测量，选择测量刀片切出通道瞬间的温度代替切削中的温度，刀片切出的瞬间向周围传热，刀片切出瞬间的温度比切削中的温度低；②根据 Smithey 等对刀具后刀面磨损后的切削力的研究，刀具后刀面的摩擦力在切削过程中是不断变化的，而在虑刀具后刀面磨损的刀具温度预测模型中，将后刀面与工件之间的摩擦力近似为常数（后刀面磨损量一定时刀-工摩擦力为常数），造成了预测温度值与测量值之间的偏差；③预测模型中假设刀片的后刀面磨损是均匀的，而实际的刀具后刀面的磨损是不均匀的，也造成了测量值与预测值之间的偏差。

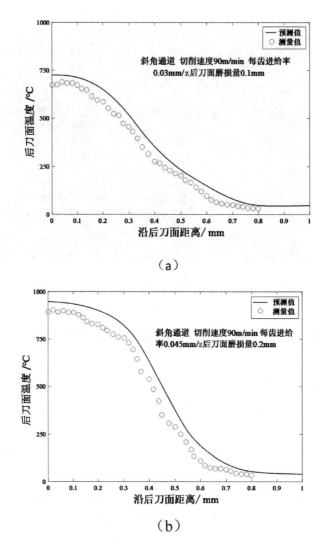

图 5-16　盘铣加工整体叶盘通道的后刀面温度预测温度分布与测量温度对比图

　　为了与预测值进一步对比，取测量的刀刃温度与预测的刀刃温度进行对比，如图 5-17 所示。切削速度和每齿进给率相同时，后刀面的磨损量越大刀片后刀面的温度越高，切削斜角通道的刀片后刀面温度高于切削直角通道；切削速度和后刀面平均磨损量相同时，每齿进给率越大刀片的后刀面温度越高；每齿进给率和后刀面平均磨损量相同时，后刀面温度随着切削速度提高而升高；随着后刀面磨损量的增大，每齿进给率增加时，后刀面温度升高的幅度增大，直线或折线的陡峭度增大。后刀面的温度测量值与预测值基本一致，切削速度、每齿进给率和后刀面磨损量对刀片后刀面的温度影响规律与 5.3.2 节的预测结果吻合，证明了所提出的考虑刀具后刀面磨损的刀具温度预测模型的正确性。

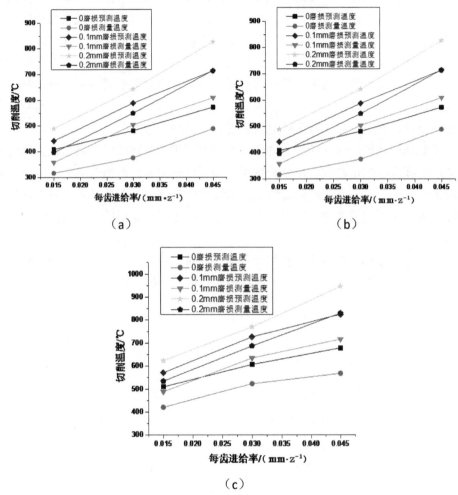

图 5-17　磨损后刀刃预测温度与测量温度对比图

（a）切削速度 60m/min；（b）切削速度 75m/min；（c）切削速度 90m/min

5.4 本 章 小 结

本章分析了整体叶盘通道盘铣加工刀片后刀面磨损对切削力和切削温度的影响，建立了考虑后刀面磨损的瞬时切削力预测模型及后刀面瞬时温度预测模型，探索了后刀面磨损量对切削力和后刀面温度的影响规律，可以得出以下结论：

（1）通过实验验证了所建立的考虑刀具磨损对整体叶盘通道盘铣加工的切削力预测模型的正确性，实验结果表明：盘铣刀刀片后刀面磨损对加工整体叶盘通道的切削力有较大影响，切削力随着后刀面磨损量的增加而增大；切削参数和后刀面磨损量相同时，加工直角通道的切削力大于斜角通道。

（2）通过实验验证了所建立的考虑后刀面磨损的整体叶盘通道盘铣刀片后刀面瞬时温度模型的正确性。由分析结果可知：盘铣刀刀片磨损对后刀面瞬时温度有较大的影响，后刀面温度随着磨损量的增加而升高，且磨损量越大后刀面温度梯度越大；相同切削参数和后刀面磨损量下，加工斜角通道的后刀面温度高于直角通道。

（3）忽略刀具的磨损研究整体叶盘通道盘铣的瞬时切削力和后刀面瞬时温度是不科学的，此方面的研究有助于揭示加工机理和磨损机理。

第6章　整体叶盘通道盘铣工艺参数优化

采用盘铣刀加工整体叶盘通道，可大大提高材料去除率，降低制造成本。整体叶盘结构复杂，通道开敞性差，毛坯通常为钛合金等难加工材料，热扩散率低。因此，加工过程中的切削热不易散发出去，而且加工过程中轴向切深较大，切削力极大，刀具在高强度的热力耦合作用下，磨损量很大，需要频繁更换刀具，制造成本大幅提高。在保证材料去除率的前提下合理选择切削参数，可以有效提高加工效率、延长刀具寿命和降低生产成本。

本章的研究路线如图 6-1 所示。工程领域常用的优化方法有灰色关联分析、遗传算法、响应面法、人工智能神经网络、支持向量机法等。本章采用径向基神经网络和粒子群智能算法，以材料去除率为约束，通过优化切削速度、每齿进给率满足最长刀具寿命的目标。

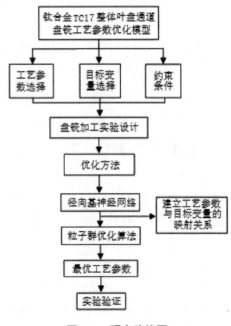

图 6-1　研究路线图

6.1　整体叶盘通道盘铣加工参数优化模型

6.1.1 性能控制变量

在参数优化中首先要选择合理的性能控制变量（设计变量），性能控制变量是独立的参数。经过研究，只把对目标变量影响大的参数作为性能控制变量。性能控制变量数量的选择要合理，数量越多，自由度越大，有利于寻找最优目标变量，但会增加求解的难度。通常将切削速度 v、每齿进给率 f_c 和轴向切削深度 a_p 或径向切削深度 a_e 作为铣削加工过程的性能控制变量。

在整体叶盘通道盘铣加工中，轴向切深是盘铣刀刀盘的厚度，即在切削过程中该值固定不变，故不能作为性能控制变量。盘铣刀的径向切深取决于每齿进给率 f_c，因此径向切深和每齿进给率只有一个变量可以作为控制参数，本章选取每齿进给率为整体叶盘通道盘铣高效加工的性能控制变量。另一个性能控制变量选取为切削速度 v。

整体叶盘通道盘铣加工参数优化选择切削速度 v、每齿进给率 f_c 作为性能控制变量，可以表示为

$$x_i = \{x_1, x_2\} \qquad (6\text{-}1)$$

6.1.2 目标变量

最佳加工参数的选择应满足在给定加工条件下，达到加工质量最优或加工效率最高。研究铣削加工过程的参数优化时，常把材料去除率、铣削力、表面粗糙度、刀具寿命、铣削振动等作为优化目标变量。

钛合金整体叶盘通道盘铣的突出优点在于材料去除率大，盘铣加工在提高材料去除率的同时，由于轴向切削深度大，所以铣削力较大、铣削温度较高、刀具磨损严重，导致刀具寿命降低、切削效率下降、制造成本增加。尤其对于加工钛合金材料的刀具，强热力耦合作用下极易发生粘刀，刀具磨损加剧，因此在加工过程中需要合理控制刀具磨损量，提高刀具寿命，减少加工成本。故将刀具寿命作为优化目标变量，该变量可以很好地表示加工效率，将材料去除率作为约束。本章的目标是在满足材料去除率一定要求的条件下，寻找满足最大刀具寿命的加工参数，已达到最大综合效率。

材料去除率用符号 Q_c 表示，盘铣刀材料去除率的计算式为

$$Q_c = \frac{1\,000 b f_c N_t v a_w}{60 \pi D} \qquad (6\text{-}2)$$

式中：b——可转位刀片的宽度，即切削宽度；

N_t——盘铣刀的齿数；

a_w——整体叶盘高度；

D——盘铣刀直径。

整体叶盘通道盘铣工艺参数优化模型可以表示为

$$\left.\begin{array}{l} Q_{\mathrm{c}}(x_i) \geqslant 200 \\ \min T(x_i) \end{array}\right\} \qquad (6\text{-}3)$$

6.2 优 化 方 法

本节采用的优化方法为径向基神经网络和粒子群法。应用径向基神经网络建立加工参数与目标变量的映射关系，然后应用粒子群算法进行寻优。该优化方法的流程图如图 6-2 所示。

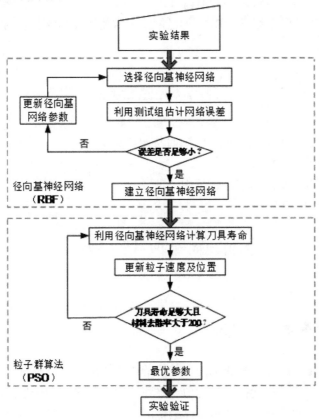

图 6-2 优化方法流程图

6.2.1 径向基神经网络

径向基函数神经网络（RBF）是一种高效的前馈式神经网络，它具有最优逼近和全局逼近的特性。它不仅结构简单，而且学习速度快。

径向基神经网络由输入层、隐含层和输出层构成；输入层到隐含层的基函数输入是一种非线性映射，而输出是线性的；隐含层最常用的是高斯径向基函数，而输出层采用线性激活函数。对于 RBF 神经网络来说，它的可调参数有中心、宽度和输出权值。每层节点都有一个中心，当输入数据偏离隐含层中心较远时，输入层对隐含层的影响变弱。因此，隐含层的某个神经元是否被激活取决于输入数据与隐含层中心的距离。

神经网络具有 n 个输入节点、h 个隐层节点、m 个输出节点。其中，$x = [x_1, x_2, \cdots, x_n]^{\mathrm{T}} \in \mathbf{R}^n$ 为网络的输入矢量，$w \in \mathbf{R}^{h \times m}$ 为输出权值矩阵，$b = [b_1, b_2, \cdots, b_m]^{\mathrm{T}}$ 为输出单元偏移，$y = [y_1, y_2, \cdots, y_m]^{\mathrm{T}}$ 为神经网络输出，$\varphi_i(\cdot)$ 为第 i 个隐节点的激励函数。RBF 神经网络通常使用高斯函数作为激励函数。具体形式为

$$\phi_i(x) = \exp(-\frac{\|x - c_i\|^2}{2\sigma_i^2}) \tag{6-4}$$

式中：σ_i ——第 i 个隐层神经元的径向基函数宽度，$1 \leqslant i \leqslant h$；

$\|x - c_i\|$ ——欧式距离；

c_i ——第 i 个隐节点的数据中心值。

则网络的第 j 个输出为

$$y_j = \sum_{i=1}^{h} w_{ij} \phi_i(\|x - c_i\|), \ 1 \leqslant i \leqslant m \tag{6-5}$$

式中：w_{ij} ——偏差量。

6.2.2 粒子群算法（PSO）

粒子群优化算法是一种随机的、并行的优化算法。PSO 算法中群体初始化为一群随机粒子，通过迭代搜寻最优值，在每一次迭代中，粒子通过跟踪两个"极值"来更新自己的位置：一个是个体最优解 p_{best}，是每个粒子自身所找到的最优解，另一个极值是群体最优解 g_{best}，是整个群体目前找到的最优解。

假设群体由 m 个粒子 $Swarm = \{x_1^{(k)}, x_2^{(k)}, \cdots, x_m^{(k)}\}$ 组成，在 D 维搜索空间中求解。k 时刻第 i 个粒子在搜索空间中的位置向量为 $x_i^{(k)} = (x_{i1}^{(k)}, x_{i2}^{(k)}, \cdots, x_{id}^{(k)})(i = 1, 2, \cdots, m)$，这是个体在搜索空间中的位置，也是问题的一个可能解。与该个体位置向量相对应的是速度向量 $v_i^{(k)} = (v_{i1}^{(k)}, v_{i2}^{(k)}, \cdots, v_{id}^{(k)})$。粒子群算法的邻域函数在每一个迭代周期根据个体自身位置向量、速度向量、个体历史信息、群体信息和扰动来产生新的位置状态。第 i 个粒子在 $k+1$ 时刻的第 D 维邻域函数计算式为

$$\left. \begin{array}{l} v_{id}^{(k+1)} = wv_{id}^{(k)} + c_1 r_1 (p_{id}^{(k)} - x_{id}^{(k)}) + c_2 r_2 (p_{gd}^{(k)} - x_{id}^{(k)}) \\ x_{id}^{(k+1)} = x_{id}^{(k)} + v_{id}^{(k+1)} \end{array} \right\} \qquad (6\text{-}6)$$

在邻域函数产生新的粒子向量时，还需满足速度向量约束条件为

$$\left| v_{id}^{(k+1)} \right| \leqslant V_{\max} \qquad (6\text{-}7)$$

式中：$v_{id}^{(k)}$——粒子运动速度向量；

$\qquad x_{id}^{(k)}$——粒子当前的位置向量；

$\qquad p_{id}^{(k)}$——粒子个体位置最优值；

$\qquad p_{gd}^{(k)}$——群体位置最优解；

$\qquad w$——惯量因子；

$\qquad r_1$、r_2——（0，1）之间的随机数；

$\qquad c_1$、c_2——加速因子，一般 $c_1 = c_2 = 2$；

$\qquad k$——迭代次数；

$\qquad V_{\max}$——速度向量限制常数；

$\qquad f(\cdot)$——适应度（目标）函数。

PSO 的选择函数定义为

$$p_{id}^{(k+1)} = \begin{cases} x_i^{(k+1)}, f(x_i^{(k+1)}) \leqslant f(p_{id}^{(k)}) \\ p_{id}^{(k)}, f(x_i^{(k+1)}) > f(p_{id}^{(k)}) \end{cases} \qquad (6\text{-}8)$$

$$p_{id}^{(k)} \in \left\{ x_{1d}^{(k)}, x_{2d}^{(k)}, \cdots, x_{id}^{(k)} \middle| f(x_{id}^{(k)}) \right\} = \min \left\{ f(x_{1d}^{(k)}), f(x_{2d}^{(k)}), \cdots, f(x_{md}^{(k)}) \right\}$$
$$(6\text{-}9)$$

$$p_{gd}^{(k)} \in \left\{ p_{1d}^{(k)}, p_{2d}^{(k)}, \cdots, p_{id}^{(k)} \middle| f(p_{id}^{(k)}) \right\} = \min \left\{ f(p_{1d}^{(k)}), f(p_{2d}^{(k)}), \cdots, f(p_{md}^{(k)}) \right\}$$
$$(6\text{-}10)$$

根据 PSO 的算法规则，标准 PSO 的算法流程如下：

第一步：初始化设置粒子群的规模、惯性因子、加速因子等参数；

第二步：在搜索空间内随机初始化每个粒子的位置，并初始化粒子的速度向量，将每个粒子的个体历史最优位置设置为粒子的位置；并按公式（6-6）计算群体最优位置；

第三步：按公式（6-6）更新每个粒子的速度，按公式（6-7）约束粒子速度；按公式（6-6）更新每个粒子的位置；

第四步：计算每个粒子位置的目标函数值，按公式（6-9）和公式（6-10）更新每个粒子的个体历史最优位置与整个群体的最优位置；

第五步：若满足停止条件，则停止搜索，输出搜索结果；否则返回第四步继续搜索。

6.3　整体叶盘通道盘铣加工实验

实验采取了两因素七水平的单因素实验机制，表 6-1 列出两个性能控制变量的各水平取值范围。这两个变量的取值范围都是来自整体叶盘通道盘铣加工实际生产经验。表 6-2 列出了 49 个实验的详细参数。实验所用的机床、刀具、工件材料与切削方式与第 2 章相同。本章实验只加工整体叶盘斜角通道。

表 6-1　整体叶盘通道盘铣加工性能控制变量及各水平值

水平	$v/$（$\mathrm{m \cdot min^{-1}}$）	$f_\mathrm{c}/$（$\mathrm{mm \cdot z^{-1}}$）
1	60	0.015
2	65	0.020
3	70	0.025
4	75	0.030
5	80	0.035
6	85	0.040
7	90	0.045

表 6-2　实验和目标变量参数（刀具寿命和材料去除率）

实验序号	$v/(\mathrm{m \cdot min^{-1}})$	$f_{\mathrm{c}}/(\mathrm{mm \cdot z^{-1}})$	$T/(\mathrm{s^{-1}})$	$Q_{\mathrm{c}}/(\mathrm{mm^3 \cdot s^{-1}})$
1	60	0.015	338.12	106.46
2	60	0.020	250.51	141.95
3	60	0.025	184.70	177.43
4	60	0.030	132.25	212.92
5	60	0.035	93.18	248.41
6	60	0.040	67.47	283.89
7	60	0.045	55.14	319.38
8	65	0.015	303.71	115.33
9	65	0.020	227.73	153.78
10	65	0.025	165.11	192.22
11	65	0.030	115.86	230.66
12	65	0.035	79.98	269.11
13	65	0.040	57.48	307.55
14	65	0.045	48.34	346.00
15	70	0.015	279.46	124.20
16	70	0.020	206.67	165.61
17	70	0.025	147.25	207.01
18	70	0.030	101.20	248.41
19	70	0.035	68.54	289.81
20	70	0.040	49.21	331.21
21	70	0.045	43.27	372.61
22	75	0.015	256.93	133.06
23	75	0.020	187.34	177.43
24	75	0.025	131.11	221.79
25	75	0.030	88.26	266.15
26	75	0.035	58.78	310.51
27	75	0.040	42.67	354.87
28	75	0.045	39.92	399.23
29	80	0.015	236.12	141.95
30	80	0.020	169.73	189.26
31	80	0.025	116.70	236.58

实验序号	$v/（\mathrm{m \cdot min^{-1}}）$	$f_c/（\mathrm{mm \cdot z^{-1}}）$	$T/（\mathrm{s^{-1}}）$	$Q_c/（\mathrm{mm^3 \cdot s^{-1}}）$
32	80	0.030	77.05	283.89
33	80	0.035	50.76	331.21
34	80	0.040	42.85	378.53
35	80	0.045	37.29	425.84
36	85	0.015	217.04	150.82
37	85	0.020	153.85	201.09
38	85	0.025	104.02	251.36
39	85	0.030	67.56	301.64
40	85	0.035	44.47	351.91
41	85	0.040	38.76	402.18
42	85	0.045	34.48	452.46
43	90	0.015	199.69	159.69
44	90	0.020	139.69	212.92
45	90	0.025	93.06	266.15
46	90	0.030	59.80	319.38
47	90	0.035	39.91	372.61
48	90	0.040	35.39	425.84
49	90	0.045	32.58	479.07

6.4　参数优化过程

6.4.1　径向基神经网络建模

如优化算法流程图 6-2 中的第一阶段所示，建立工艺参数与目标变量之间的映射关系。本章使用的径向基神经网络具有一个输入层（两个神经元）、一个隐藏层（不确定数目神经元）和一个输出层（一个神经元），其结构如图 6-3 所示。输入神经元是切削速度 v、每齿进给率 f_c，输出神经元是刀具寿命 T。输出神经元是隐藏神经元的带权重的线性叠加。

前 40 个实验的测量值用于拟合径向基神经网络，后 9 个实验用于检验径向基神经网络模型精度。神经网络拟合过程在软件 MATLAB R2016a 上进行，目标误差设置为 0.001，扩展速度设置为 0.7。扩展速度影响函数的拟合速度，扩展速度越快，拟合函数越光滑，但逼近误差和计算量越大；扩展速度越小，函数拟合精度越好，但拟合函数不光滑且网络性能较差。通过尝试不同的扩展速度建立径向基神经网络，考虑各种因素，并参考其他研究者的选择范围，最终确定扩展速度为 0.7。实验的测量值和径向基神经网络的预测值比较结果如图 6-4 所示。由图 6-4 可知，径向基神经网络的预测值和实验测量值的吻合度很高。

49 个实验的径向基神经网络预测值与测量值之间的个体误差如图 6-5 所示。拟合组与检验组的平均误差分别为 0.90% 和 2.04%，拟合的径向基神经网络精度很高。拟合组中，实验 34 的个体误差最大，为 2.91%。检验组中，实验 41 的个体误差最大，为 4.44%。

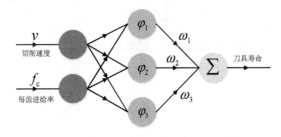

图 6-3　径向基神经网络（RBF）结构图

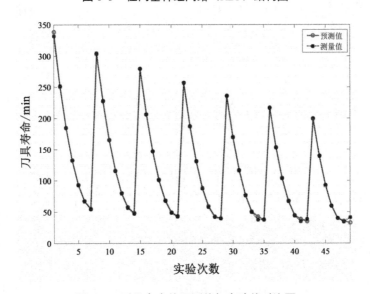

图 6-4　刀具寿命的预测值与实验值对比图

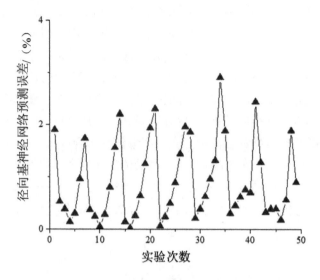

图 6-5　刀具寿命的预测值与实验值误差图

6.4.2 寻优

从算法流程图 6-2 可知，第二步应用粒子群算法寻找满足材料去除率大于 200mm^3/s 的最优刀具寿命及其所对应的工艺参数。在建立了刀具寿命的径向基神经网络后，应用粒子群算法寻找最优的加工参数组合。寻优过程为

$$\text{Find: } x_i = (x_1, x_2)$$

$$\text{s.t.}\begin{cases} \text{GRG} = \text{RBF}(x_i) \\ 60 \leqslant x_1 \leqslant 90 \\ 0.015 \leqslant x_2 \leqslant 0.045 \\ Q_c \geqslant 200 \end{cases} \quad (6\text{-}11)$$

式中：RBF（x）——灰色关联度的径向基神经网络（BRF）预测模型。

粒子群算法的计算过程如 6.2.2 节所示，在计算前需要设置参数。通常在 0~4 之间取值；权重系数 w 在 0.9~1.2 之间取值时，粒子群算法找到最优值的几率最大且迭代次数适中。考虑全局收敛性和收敛速度，学习因子 c_1、c_2 都设置为 2，权重系数 w 设置为 0.95。初始的粒子群个数为 30 个，最大迭代次数为 100 次。粒子群算法的寻优过程在 MATLAB R2016a 软件上进行。优化程序在 Intel Core i5-4590 CPU 和 3.3GHz 处理器 64 位 Windows7 系统上运行。总运行时间为 48.36s，

包括建立径向基神经网络的建立和运行粒子群 PSO 优化算法。通过粒子群优化算法，材料去除率大于 200mm³/s，切削速度为 75.19m/min 和每齿进给率为 0.022 7mm/z 处找到最大刀具寿命为 154.48min。

6.5　实验验证及结果讨论

为了验证寻优结果，本节设计了一组加工对比实验。选择表 6-2 中的实验 31 的加工参数（切削速度 80m/min 和每齿进给率为 0.025mm/z）和最优加工参数（切削速度为 75.19m/min 和每齿进给率为 0.022 7mm/z）进行切削。实验 31 在表 6-2 的 49 组实验中材料去除率大于 200mm³/s，有最长的刀具寿命。每组加工参数切削 8 个 50mm 深的斜角通道，然后对比材料去除率与后刀面磨损量。加工 8 个 50mm 深的斜角通道后，刀具的磨损情况如图 6-6 所示。

实验 31 与最优加工参数进行对比，见表 6-3。最优加工参数比实验 31 的刀具寿命延长了 40.32%、材料去除率降低了 14.66%。加工 8 个 50mm 深的斜角通道最优加工参数和实验 31 所用的时间分别为 79.25min 和 67.63min；刀具最大磨损量分别为 0.15mm 和 0.21mm。实验 31 的刀具磨损量大于最优加工参数。最优加工参数的材料去除率虽比实验 31 小一些，但刀具寿命高于实验 31，综合效率高于实验 31。

表 6-3　优化结果对比

加工参数	实验 31	最优加工参数	改进率
T	116.70	163.75	40.32%
Q_c	236.58	201.89	-14.66%

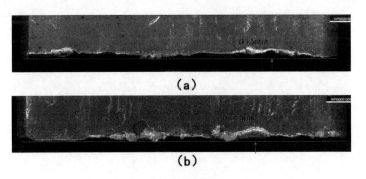

(a)

(b)

图 6-6　后刀面磨损图

(a)切削速度 75.19m/min 和每齿进给率 0.0227mm/z；(b)切削速度 80m/min 和每齿进给率 0.025mm/z

6.7 本 章 小 结

本章应用了径向基神经网络和粒子群优化算法对 TC17 整体叶盘盘铣加工过程进行工艺参数优化。经研究发现：该方法适用于 TC17 整体叶盘通道盘铣工艺参数优化。可以得出以下结论：该方法寻找到的最优工艺参数为切削速度为75.19m/min 和每齿进给率为 0.022 7mm/z，材料去除率大于 200mm³/s，在常用加工参数范围内有最佳的刀具寿命为 163.75min；此结论可为实际加工提供参考依据。

第7章 总结与展望

7.1 结 论

　　整体叶盘是新一代航空发动机的核心部件。但由于其结构复杂、通道窄、开敞性差且毛坯为难加工材料等原因，其制造难度极大。本课题组结合理论研究与实际加工，提出了一种整体叶盘复合铣削工艺，即盘铣—插铣—侧铣复合加工。首次将盘铣应用到整体叶盘通道粗加工中，对整体叶盘加工效率的提高起到至关重要的作用。本书依托国家科技重大专项项目"航空发动机整体叶盘高效强力复合数控铣床开发及应用（2013ZX04001081）"，以钛合金 TC17 整体叶盘通道盘铣为研究对象，采用机理建模、加工实验、性能测试相结合的方法，分别对整体叶盘通道盘铣加工工艺、切削机理、工艺参数优化进行了研究，并在此基础上探明了工艺参数对切削力的作用机制，建立了考虑刀具跳动的整体叶盘通道盘铣瞬时切削力预测模型；探究了切削温度的分布规律，构建了刀具瞬时切削温度预测模型；揭示了刀具失效演化规律及磨损机理，提出了考虑温度效应的后刀面磨损预测模型；阐释了刀具磨损对整体叶盘通道盘铣加工的影响机制，建立了考虑后刀面磨损的切削力和切削温度预测模型；研究了影响加工效率的关键工艺参数并进行了优化。本书的研究工作揭示了钛合金整体叶盘通道盘铣加工的切削机理，得到的最优工艺参数有效提高了整体叶盘通道加工的效率。得到的主要结论如下：

　　（1）探明了工艺参数对切削力的作用机制，建立了考虑刀具径向跳动的盘铣刀瞬时切削力预测模型和瞬时未变形切屑厚度模型；提出了适合于盘铣刀的径向跳动量识别方法；通过经典斜角切削理论推导出了瞬时切削力系数的计算方法，提出了瞬时切削力系数的标定方法；通过实验验证了所提出方法的准确性；TC17整体叶盘通道盘铣切削力的变化趋势与普通铣削不同，不是类似于正弦的波形，而是在切削时间内单调递增或者单调递减的；为整体叶盘通道盘铣工艺参数优化与盘铣刀结构优化提供了理论指导。

（2）探究了切削温度的分布规律，应用移动热源法构建刀具瞬时温度预测模型；通过理论计算给出了热流密度、刀-屑接触长度和热量分配系数；阐释了进给速度和切削速度对刀片温度分布的作用规律，刀片温度随着每齿进给率度和切削速的增大而升高，且每齿进给率对温度分布的影响大于切削速度，每齿进给率越大刀片的温度梯度越大；研究了切削斜角和直角通道刀片温度分布差异，切削速度和每齿进给率相同时，切削斜角通道的刀片温度高于直角通道；采用红外热像仪采集刀片温度，验证了该温度模型的有效性；为整体叶盘通道盘铣工艺参数优化、盘铣刀结构优化、加工效率提高提供了参考。

（3）通过加工实验分析了不同工艺参数下（切削速度、每齿进给率、刀盘旋转角度）刀片的失效演变过程，揭示硬质合金涂层刀片失效演变规律和磨损机理；刀片的主要失效形式为崩刃、沟槽磨损、边界磨损、月牙洼磨损、涂层剥落、积屑瘤、切屑黏结；刀片磨损机理主要是磨粒磨损、黏结磨损、扩散磨损、氧化磨损；三排刀片的磨损是不均匀的，左侧刀片的主切削刃与左侧刃连接处有明显的边界磨损，右侧刀片的主切削刃与右侧刃连接处有明显的边界磨损；相同加工参数下，加工斜角通道的刀具磨损量显著小于直角通道。探索了切削速度和每齿进给率对刀片后刀面磨损的影响规律，后刀面的磨损量随着切削速度和每齿进给率的提高而增大，每齿进给率对后刀面磨损量的影响大于切削速度；构建了基于温度效应的后刀面磨损预测模型，并实验验证了该模型的正确性；为提高 TC17 整体叶盘通道加工效率和优化盘铣刀结构提供参考依据。

（4）阐释了刀具磨损对整体叶盘通道盘铣加工的影响机制，构建考虑刀片后刀面磨损的瞬时切削力预测模型，提出了摩擦强度系数的标定方法，研究表明摩擦强度系数接近常数；揭示了刀片后刀面磨损量对瞬时切削力的影响规律，切削力随着后刀面磨损量的增加而增大，且后刀面磨损对切削力的影响很大，考虑后刀面磨损的切削力模型更符合加工实际工况。并建立了考虑刀片后刀面磨损的刀具瞬时温度预测模型，通过理论计算得到了进入刀具的热流密度和热量分配系数；探索了后刀面磨损对刀片温度分布的影响规律，刀片温度随着磨损的增大而升高，且磨损量越大后刀面温度梯度越大。

（5）分析了影响加工效率的关键工艺参数，将材料去除率作为约束，以刀具寿命为目标变量，利用径向基神经网络与粒子群优化算法在工艺参数范围内寻找最优工艺参数；研究表明：切削速度 75.19m/min、每齿进给率 0.022 7mm/z，材料去除率大于 200mm^3/s 时，在常用加工参数范围内有最佳的刀具寿命为154.48min；为提高整体叶盘加工效率和降低加工成本提供了工程借鉴。

7.2　创　新　点

（1）建立了考虑刀具径向跳动的钛合金整体叶盘通道盘铣加工瞬时切削力模型。针对整体叶盘通道盘铣工艺特点，结合刀具径向跳动对切削力的影响规律，应用经典斜角切削理论构建了瞬时切削力模型，并提出了简单、有效的切削力系数标定方法。

（2）构建了考虑刀具后刀面磨损的钛合金整体叶盘通道盘铣瞬时切削力模型。基于整体叶盘通道盘铣工艺特点及钛合金加工特点，结合刀具"完全锋利"的瞬时切削力模型，利用摩擦理论建立了由后刀面磨损引起的瞬时摩擦力模型，并提出了摩擦强度系数的标定方法。

（3）提出了考虑刀具磨损的钛合金整体叶盘通道盘铣加工刀片后刀面温度预测模型。基于傅里叶热传导理论利用移动热源法，考虑后刀面磨损带摩擦热源的作用，建立了刀片后刀面温度预测模型；通过理论计算确定了热流密度和热量分配系数；揭示了刀具温度场分布规律。

7.3　展　　望

整体叶盘是航空发动机的关键部件。将盘铣加工工艺应用到整体叶盘加工中是一种新思路和新工艺，在本书研究的基础上，对整体叶盘通道盘铣切削机理的研究需要进一步深入解决的问题如下：

（1）本书建立的钛合金整体叶盘通道盘铣瞬时切削力预测模型，考虑了刀具径向跳动和后刀面磨损的影响；在盘铣过程中，由于材料去除率大，刀具的振动很大，振动对切削力的影响也较大。因此，在切削力的预测模型中应该将振动因素考虑进去，有利于提高切削力的预测精度。

（2）本书考虑后刀面磨损带热源的作用，提出的整体叶盘通道盘铣刀片后刀面温度预测模型。但为了简化模型，便于计算，在建立刀具温度预测模型时，忽略了剪切热源对后刀面的影响，而剪切热源对刀具温度的影响也是较大的，在后续的研究中需要考虑剪切热源，建立刀具温度预测模型。

（3）本书通过加工实验分析了不同工艺参数下（切削速度、每齿进给率、刀盘旋转角度）刀片的失效演变过程，揭示硬质合金涂层刀片失效演变规律和磨损机理；构建了基于温度效应的后刀面磨损预测模型，但模型的精度不够高，在后续的工作中可以建立精度高的后刀面磨损预测模型。

参 考 文 献

[1] 杨金发，张军，李家永，等. 整体叶盘加工技术探索与实践[J]. 航空制造技术，2015（12）：70-73.

[2] 史耀耀，左安邦，董婷，等. 开式整体叶盘通道高效粗加工方法研究[J]. 航空制造技术，2013，424（4）：34-37.

[3] 赵鹏兵，史耀耀，宁立群. 整体叶盘高效强力复合铣 A 轴高精度控制技术研究[J]. 航空学报，2013，34（7）：1706-1715.

[4] 史耀耀，段继豪，张军锋，等. 整体叶盘制造工艺技术综述[J]. 航空制造技术，2012（3）：26-31.

[5] KUMBER B V R R. A review on blisk technology[J]. International Journal of Innovative Research in Science Engineering & Technology, 2013, 2（5）: 1353-1358.

[6] CALLEJA A, FERNANDEZ A, CAMPA F J, et al. Reliable manufacturing process in turbine blisks and compressors[J]. Procedia Engineering, 2013（63）: 60-66.

[7] KLOCKE F, SCHMITT R, ZEIS M, et al. Technological and economical assessment of alternative process chains for blisk manufacture[J]. Procedia CIRP, 2015（35）: 67-72.

[8] FU Y, GAO H, WANG X, et al. Machining the integral impeller and blisk of aero-engines: a review of surface finishing and strengthening technologies[J]. Chinese Journal of Mechanical Engineering, 2017, 30（3）: 528-543.

[9] XIN H, SHI Y, ZHAO T. Compound efficient and powerful milling machine tool of blisk[J]. International Journal of Advanced Manufacturing Technology, 2018, 98（5/6/7/8）: 1-9.

[10] 辛红敏. 钛合金盘铣高效开槽加工基础研究[D].西安：西北工业大学，2016.

[11] 程耀楠，陈天启，左殿阁，等. 航空发动机整体叶盘高效盘铣加工技术与刀具应用分析[J]. 工具技术，2016，50（3）：30-36.

[12] 董宏亮，辛红敏，史耀耀. 整体叶盘复合铣削机床设计[J]. 机械设计与制造，2014（5）：11-13.

[13] 任军学, 何卿功, 姚倡锋, 等. 闭式整体叶盘通道五坐标分行定轴加工刀轴矢量规划方法[J]. 航空学报, 2012, 33（10）: 1923-1930.

[14] 王晶, 张定华, 吴宝海, 等. 基于临界约束的四轴数控加工刀轴优化方法[J]. 机械工程学报, 2012, 48（17）: 114-120.

[15] HUANG J C, LIU X L, YUE C X, et al. Tool path planning of 5-axis finishing milling machining for closed blisk[J]. Materials Science Forum, 2012（723）: 153-158.

[16] 任军学, 杨大望, 姚倡锋, 等. 基于控制线的开式整体叶盘叶片四轴数控加工刀轴控制方法[J]. 航空学报, 2012, 33（8）: 1515-1523.

[17] LIANG Y, ZHANG D, CHEN Z C, et al. Tool orientation optimization and location determination for four-axis plunge milling of open blisks[J]. The International Journal of Advanced Manufacturing Technology, 2014, 70（9）: 2249-2261.

[18] LIANG Y, ZHANG D, REN J, et al. Accessible regions of tool orientations in multi-axis milling of blisks with a ball-end mill[J]. The International Journal of Advanced Manufacturing Technology, 2016, 85（5）: 1887-1900.

[19] LIANG Y, REN J, ZHANG D, et al. Mechanics-based feedrate scheduling for multi-axis plunge milling[J]. The International Journal of Advanced Manufacturing Technology, 2015, 79（1）: 123-133.

[20] CALLEJA A, BO P, GONZALEZ H, et al. Highly accurate 5-axis flank CNC machining with conical tools[J]. The International Journal of Advanced Manufacturing Technology, 2018, 97（5）: 1605-1615.

[21] LI S, GAN Z, CHEN Z, et al. Feasible region determination without local interference of 3 + 2 axis machining for arbitrary revolving tools[J]. The International Journal of Advanced Manufacturing Technology, 2019, 102（5）: 1985-2000.

[22] WANG J, ZHANG D, LUO M, et al. A GPU-based tool parameters optimization and tool orientation control method for four-axis milling with ball-end cutter[J]. The International Journal of Advanced Manufacturing Technology, 2019, 102（5）: 1107-1125.

[23] 徐庆. 整体叶盘多通道电解加工关键技术研究[D]. 南京: 南京航空航天大学, 2012.

[24] 廖德平. 整体叶盘叶栅通道径向进给电解加工电场仿真和实验研究[D]. 南京: 南京航空航天大学, 2013.

[25] 孙春都. 整体叶盘型面电解加工阴极设计与实验研究[D]. 南京: 南京航空航天

大学，2013．

[26] 刘嘉，徐正扬，万龙凯，等．整体叶盘型面电解加工阴极进给方向优化及实验研究[J]．机械工程学报，2014，50（7）：146-153．

[27] TANG L，FENG X，ZHAO G G，et al．Cathode cross tank and return hole optimization design and experiment verification of electrochemical machining closed integral impeller outside flow channels[J]．The International Journal of Advanced Manufacturing Technology，2018，97（5）：2921-2931．

[28] TANG L，YANG F，ZHU Q L，et al．Electrochemical machining flow field simulation and experimental verification for irregular vortex paths of a closed integer impeller[J]．The International Journal of Advanced Manufacturing Technology，2016，83（1）：275-283．

[29] 王福元，赵建社．基于电解扫掠成形原理的整体叶盘叶根加工方法[J]．航空学报，2015，36（10）：3457-3464．

[30] MATEO A．On the feasibility of blisk produced by linear friction welding[J]．Revista de Metalurgia，2014，50（3）：1023．

[31] 马立印，李洋，周正干．整体叶盘叶片焊缝裂纹相控阵超声检测[J]．北京航空航天大学学报，2017，43（9）：1900-1908．

[32] BARBIERI J A，FOURNIER J P，HILTON S A，et al．Method for linear friction welding[Z]．1998，EP0924016 B1．

[33] RAAB U，LEVIN S，WAGNER L，et al．Orbital friction welding as an alternative process for blisk manufacturing[J]．Journal of Materials Processing Technology，2015（215）：189-192．

[34] LI W，VAIRIS A，PREUSS M，et al．Linear and rotary friction welding review[J]．International Materials Reviews，2016，61（2）：71-100．

[35] RUSSELL M J．Linear Friction Welding of Ti Aerospace Structures[C]//Aeromat 23 Conference and Exposition American Society for Metals．2012．

[36] 罗皎，李淼泉．高性能整体叶盘制造技术研究进展[J]．精密成形工程，2015，7（6）：1-7．

[37] 邹世坤，巩水利，郭恩明，等．发动机整体叶盘的激光冲击强化技术[J]．中国激光，2011，38（6）：76-82．

[38] 杜博睿，张学军，李能，等．一种钛合金整体叶盘叶片的激光成形制造工艺：CN105252001B [P]．2017-08-15．

[39] 高航，袁业民，陈建锋，等. 航空发动机整体叶盘磨料水射流开坯加工技术研究进展[J]. 航空学报，2020，41（2）：1-22.

[40] 涂运凤，冯燕. 机器人七轴水射流整体叶盘切割装置：CN206764579U[P]. 2017-03-29.

[41] 杨维学. 高压水射流技术在整体叶盘高效加工中的应用[J]. 航空发动机，2019，45（3）：99-102.

[42] 黄春峰. 现代航空发动机整体叶盘及其制造技术[J]. 航空与航天，2007（2）：1-8.

[43] 王增强. 航空发动机整体叶盘加工技术[J]. 航空制造技术，2013，429（9）：40-43.

[44] 张海艳，张连锋. 航空发动机整体叶盘制造技术国内外发展概述[J]. 航空制造技术，2013（23）：38-41.

[45] 王增强. 大飞机发动机关键制造技术:航空发动机整体叶盘加工技术[J]. 航空制造技术，2013（9）：38-43.

[46] 徐庆，朱荻，徐正扬，等. 整体叶盘通道电解加工电极多维运动轨迹优化[J]. 航空学报，2011，32（8）：1548-1554.

[47] 姜云龙. 埃马克电化学公司关于整体叶盘精密电解加工工艺综述：面向未来的技术[C]//2014 年全国电化学加工技术研讨会论文集，2014.

[48] 姚希珍，胡泽. 钛合金整体叶盘线性摩擦焊技术综述[J]. 航空制造技术，2011（16）：33-37.

[49] 张春江. 钛合金切削加工技术[M]. 西安：西北工业大学出版社，1986.

[50] TSUKADA T，ANNO Y. An analysis of milling process：on peripheral milling process[J]. Transactions of the Japan Society of Mechanical Engineers，1971，37（298）：1238-1246.

[51] DANG J W，ZHANG W H，YANG Y，et al. Cutting force modeling for flat end milling including bottom edge cutting effect[J]. International Journal of Machine Tools & Manufacture，2010，50（11）：986-997.

[52] 王启东，刘战强，汤爱民，等. 球头铣刀瞬态切削力数学模型建立与仿真[J]. 农业机械学报，2011，42（8）：200-206.

[53] WAN M. A new ternary-mechanism model for the prediction of cutting forces in flat end milling[J]. International Journal of Machine Tools & Manufacture，2012（57）：34-45.

[54] WEI Z C，WANG M J，CAI Y J，et al. Prediction of cutting force in ball-end milling of sculptured surface using improved Z-map[J]. International Journal of Advanced

Manufacturing Technology, 2013, 68（5/6/7/8）: 1167-1177.

[55] LI Z, LIU Q, MING X, et al. Cutting force prediction and analytical solution of regenerative chatter stability for helical milling operation[J]. International Journal of Advanced Manufacturing Technology, 2014, 73（1/2/3/4）: 433-442.

[56] 曲胜，赵吉宾，田凤杰，等. 平头铣刀圆形铣削的切削力预测[J]. 机械设计与制造，2015（54）: 48-50.

[57] KOENIGSBERGER F, SABBERWAL A J P. An investigation into the cutting force pulsations during milling operations[J]. International Journal of Machine Tool Design & Research, 1961, 1（1/2）: 15-33.

[58] THOMSER E G. Application of the mechanics of plastic deformation to metal cutting[J]. CIRP Annals - Manufacturing Technology, 1966（14）: 113-123.

[59] ENDRES W J, DEVOR R E, KAPOOR S G. A dual-mechanism approach to the prediction of machining forces, part 1: model development[J]. Journal of Engineering for Industry, 1995, 117（4）: 526-533.

[60] SHI H M, TOBIAS S A. Theory of finite amplitude machine tool instability [J]. International Journal of Machine Tool Design & Research, 1984, 24(1): 45-69.

[61] TLUSTY Y A S. End milling force algorithms for CAD systems[J]. CIRP Annals - Manufacturing Technology, 1991, 40（1）: 31-34.

[62] SHIN Y C, WATERS A J. A new procedure to determine instantaneous cutting force coefficients for machining force prediction[J]. International Journal of Machine Tools & Manufacture, 1997, 37（9）: 1337-1351.

[63] CHENG P J, TSAY J T, LIN S C. A study on instantaneous cutting force coefficients in face milling[J]. International Journal of Machine Tools & Manufacture, 1997, 37（10）: 1393-1408.

[64] YUN W S, CHO D W. Accurate 3-D cutting force prediction using cutting condition independent coefficients in end milling[J]. International Journal of Machine Tools & Manufacture, 2001, 41（4）: 463-478.

[65] HOON K J, CHO D W. 3D ball-end milling force model using instantaneous cutting force coefficients[J]. Journal of Manufacturing Science & Engineering, 2005, 127（1）: 1-12.

[66] KHOSHDARREGI M R, AITINTAS Y. Generalized modeling of chip geometry and cutting forces in multi-point thread turning[J]. International Journal of Machine Tools &

Manufacture, 2015 (98): 21-32.

[67] WOJCIECHOWSKI S. The estimation of cutting forces and specific force coefficients during finishing ball end milling of inclined surfaces[J]. International Journal of Machine Tools & Manufacture, 2015 (89): 110-123.

[68] SVAHN M, ANDERSSO C, VEDMAR L. Prediction and experimental verification of the cutting forces in gear form milling[J]. International Journal of Advanced Manufacturing Technology, 2016, 82 (1/2/3/4): 111-121.

[69] 徐锦泱, 郑小虎, 安庆龙, 等. 高速铣削 TC6 钛合金的刀具磨损机理[J]. 上海交通大学学报 (自然版), 2012, 46 (7): 1037-1042.

[70] HUANG Y, LIANG S Y. Modeling of cutting forces under hard turning conditions considering tool wear effect [J]. Journal of Manufacturing Science and Engineering-Transactions of the ASME, 2005, 127 (2): 262-270.

[71] FADEL G M, THOMAS R, KURFESS, et al. Modeling of the effect of tool wear on cutting forces in turning[J]. All Dissertations, 2008, 187.

[72] SUN Y, SUN J, LI J, et al. Modeling of cutting force under the tool flank wear effect in end milling Ti6Al4V with solid carbide tool[J]. International Journal of Advanced Manufacturing Technology, 2013, 69 (9/10/11/12): 2545-2553.

[73] CHINCHANIKAT S, CHOUDNURY S K. Cutting force modeling considering tool wear effect during turning of hardened AISI 4340 alloy steel using multi-layer TiCN/Al$_2$O$_3$/TiN-coated carbide tools[J]. International Journal of Advanced Manufacturing Technology, 2016, 83 (9/10/11/12): 1749-1762.

[74] GAO G, XIA Z, SU T, et al. Cutting force model of longitudinal-torsional ultrasonic-assisted milling Ti-6Al-4V based on tool flank wear[J]. Journal of Materials Processing Technology, 2021, 29 (1): 117042.

[75] 舒畅. 高速铣削钛合金的切削温度研究[D]. 南京: 南京航空航天大学, 2005.

[76] 李林文. 面向硬切削的切削区域温度场解析建模及实验研究[D]. 武汉: 华中科技大学, 2015.

[77] JIAO L, WANG X, QIAN Y, et al. Modelling and analysis for the temperature field of the machined surface in the face milling of aluminium alloy[J]. International Journal of Advanced Manufacturing Technology, 2015, 81 (9/10/11/12): 1797-1808.

[78] 范晶晶, 汪木兰, 左健民, 等. 高速切削温度的二维热传导模型建立及求解[J]. 机械设计与制造, 2014 (1): 84-87.

[79] 姜芙林. 高速断续加工过程工件及刀具瞬态切削温度的研究[D]. 济南：山东大学，2015.

[80] 杨升. 300M钢环形刀立铣工件温度场建模与加工表面质量研究[D]. 武汉：华中科技大学，2015.

[81] 张静婕. 涂层刀具切削热传导和切削温度的研究[D]. 济南：山东大学，2017.

[82] KOMANDUR R, HOU Z B. Thermal modeling of the metal cutting process，part ii：temperature rise distribution due to frictional heat source at the tool-chip interface[J]. International Journal of Mechanical Sciences，2001，43（1）：57-88.

[83] KOMANDUR R, ZHEN B H. Thermal modeling of the metal cutting process，part iii：temperature rise distribution due to the combined effects of shear plane heat source and the toolchip-interface frictional heat source[J]. International Journal of Mechanical Sciences，2001，43（1）：89-107.

[84] KOMANDUR R, HOU Z B. Thermal modeling of the metal cutting process，part i：temperature rise distribution due to shear plane heat source[J]. International Journal of Mechanical Sciences，2000，42（9）：1715-1752.

[85] PITTALA G M, MONNO M. A new approach to the prediction of temperature of the workpiece of face milling operations of Ti-6Al-4V[J]. Applied Thermal Engineering，2011，31（2/3）：173-180.

[86] LIST G, SUTTER G, BOUTHICHE A. Cutting temperature prediction in high speed machining by numerical modelling of chip formation and its dependence with crater wear[J]. International Journal of Machine Tools & Manufacture，2012（55）：1-9.

[87] KARAS A, BOUZIT M, BELARBI M. Development of a thermal model in the metal cutting process for prediction of temperature distributions at the tool-chip-workpiece interface[J]. Journal of Theoretical & Applied Mechanics，2013，51（3）：553-567.

[88] 王帅. 硬质合金刀具切削钛合金力：热特性及刀具磨损机理研究[D]. 郑州：郑州大学，2014.

[89] 孔春雷. 涂层硬质合金车削钛合金的刀具磨损机理研究[D]. 成都：西南交通大学，2019.

[90] 刘鹏. 超硬刀具高速铣削钛合金的基础研究[D]. 南京：南京航空航天大学，2011.

[91] 李安海. 基于钛合金高速铣削刀具失效演变的硬质合金涂层刀具设计与制造[D]. 济南：山东大学，2013.

[92] 孙玉晶. 钛合金铣削加工过程参量建模及刀具磨损状态预测[D]. 济南：山东大

学，2014.

[93] 胡林华. 钛合金超精切削金刚石刀具磨损及其超声振动抑制的研究[D]. 哈尔滨：哈尔滨工业大学，2015.

[94] ZHANG Y，YANG S，FENG C. Research on the tool wear mechanism of cemented carbide ball end mill machining titanium alloy[J]. Materials Science Forum，2016（836/837）：318-325.

[95] BAI D，SUN J，CHEN W，et al. Wear mechanisms of WC/Co tools when machining high-strength titanium alloy TB6（Ti-10V-2Fe-3Al）[J]. International Journal of Advanced Manufacturing Technology，2016，90（9/10/11/12）：1-12.

[96] LIU J，ZHU S S，DENG X，et al. Cutting performance and wear behavior of AlTiN- and TiAlSiN-coated carbide tools during dry milling of Ti-6Al-4V[J]. Acta Metallurgica Sinica（English Letters），2020，33（3）：135-146.

[97] ODEIROS S. Tool wear in titanium machining[J]. Teknik Och Teknologier，2012，31（1）：75-80.

[98] NOUARI M，MAKICH H. Experimental investigation on the effect of the material microstructure on tool wear when machining hard titanium alloys：Ti-6Al-4V and Ti-555[J]. International Journal of Refractory Metals & Hard Materials，2013（41）：259-269.

[99] PRAMANIK A，ISLAM M N，BASAK A，et al. Machining and tool wear mechanisms during machining Titanium alloys[J]. Advanced Materials Research，2013（651）：338-343.

[100] AYED Y，GERMAIN G，AMMAR A，et al. Tool wear analysis and improvement of cutting conditions using the high-pressure water-jet assistance when machining the Ti17 titanium alloy[J]. Precision Engineering，2015（42）：294-301.

[101] BIERMANN D，ABRAHAMS H，METZGER M. Experimental investigation of tool wear and chip formation in cryogenic machining of titanium alloys[J]. Advances in Manufacturing，2015，3（增刊4）：292-299.

[102] 陈建岭. 钛合金高速铣削加工机理及铣削参数优化研究[D]. 济南：山东大学，2009.

[103] 杨波. 新型钛合金切削加工表面完整性及切削参数优化研究[D]. 南京：南京航空航天大学，2010.

[104] 周明，孙树栋. 遗传算法原理及应用[M]. 北京：国防工业出版社，1999.

[105] 吕振肃，侯志荣. 自适应变异的粒子群优化算法[J]. 电子学报，2004，32（3）：416-420.

[106] 李莉，张赛，何强，等. 响应面法在实验设计与优化中的应用[J]. 实验室研究与探索，2015，34（8）：41-45.

[107] 谭学瑞，邓聚龙. 灰色关联分析:多因素统计分析新方法[J]. 统计研究，1995，（3）：46-48.

[108] 陈伟. 基于群体智能算法的人工神经网络优化及其应用[D]. 无锡：江南大学，2007.

[109] 李娇. 支持向量机参数优化研究[D]. 武汉：华中师范大学，2011.

[110] WANG D A, LIN Y C, CHOW H M, et al. Optimization of machining parameters using EDM in gas media based on Taguchi method[J]. Advanced Materials Research, 2012（459）：170-175.

[111] SHEN X. The Study on Optimization of Self-adaptive EDM Parameters with Grey Relational Analysis[J]. 2012，2012（3）：26.

[112] 陈建岭，孙杰，李剑峰. 钛合金铣削加工参数多目标优化研究[J]. 中国机械工程，2014，25（2）：169-173.

[113] CAO Y, DONG X J, DU J. Optimal selection of cutting parameters in blade NC machining based on BP neural network and genetic algorithm[J]. Applied Mechanics & Materials, 2014（496/497/498/499/500）：1539-1542.

[114] 黄天然，史耀耀，辛红敏. 基于盘铣加工钛合金表面残余应力的工艺参数优化[J]. 计算机集成制造系统，2015，21（9）：2403-2409.

[115] REN J, ZHAI Z, SHI K, et al. Tool determination and geometry parameter optimization of carbide tool in high-speed milling of third-generation γ-TiAl alloy[J]. Journal of the Brazilian Society of Mechanical Sciences and Engineering, 2018，40（10）：491.

[116] THEPSONTHI T, ÖZEL T. Multi-objective process optimization for micro-end milling of Ti-6Al-4V titanium alloy[J]. The International Journal of Advanced Manufacturing Technology, 2012，63（9）：903-914.

[117] PALANISAMY A, REKHA R, SIVASANKARAN S, et al. Multi-Objective optimization of EDM parameters using grey relational analysis for titanium alloy（Ti-6Al-4V）[J]. Applied Mechanics & Materials, 2014（592/593/594）：540-544.

[118] RAMAMURTHY A, SIVARAMAKRISHNAN R, VENUGOPA S, et al. Multi-response

optimization of wire-EDM process parameters of titanium alloy using Taguchi method and grey relational analysis[J]. Applied Mechanics & Materials，2015（772）：245-249.

[119] ABIDI M H，ALAHMARI A M，UMER U，et al. Multi-objective optimization of micro-electrical discharge machining of nickel-titanium-based shape memory alloy using MOGA-II[J]. Measurement，2018（125）：336-349.

[120] PRASANNA J, KARUNAMOORTHY L, RAMAN M V, et al. Optimization of process parameters of small hole dry drilling in Ti-6Al-4V using Taguchi and grey relational analysis [J]. 2014（48）：346-354.

[121] SINGH R，DUREJA J S，DOGRA M，et al. Optimization of machining parameters under MQL turning of Ti-6Al-4V alloy with textured tool using multi attribute decision making methods[J]. World Journal of Engineering, 2019, 16（5）：648-659.

[122] ALTINTAS Y, BER A. Manufacturing automation：metal cutting mechanics，machine tool vibrations，and CNC design[M]：CAMBRIDGE University Press，2012.

[123] YUSUFALTINTAS. 数控技术与制造自动化[M]. 罗科学，译. 北京：化学工业出版社，2002.

[124] WAN M, PAN W J, ZHANG W H, et al. A unified instantaneous cutting force model for flat end mills with variable geometries[J]. Journal of Materials Processing Technology，2014，214（3）：641-650.

[125] ZHANG N, SHI Y, YANG C, et al. An instantaneous cutting force model for disc mill cutter based on the machining blisk-tunnel of aero-engine [J]. International Journal of Advanced Manufacturing Technology，2018，99（1/2/3/4/5/6/7/8/9/10/11/12/13/14）：233-246

[126] WAN M，LU M S，ZHANG W H，et al. A new method for identifying the cutter runout parameters in flat end milling process[J]. Materials Science Forum，2012（697/698）：71-74.

[127] 艾兴. 高速切削加工技术[M]. 北京：国防工业出版社，2003.

[128] 姜芙林. 高速断续加工过程工件及刀具瞬态切削温度的研究[D]. 济南：山东大学，2015.

[129] TALER J，DUDA P. Solving direct and inverse heat conduction problems[M]. Berlin：Springer Berlin Heidelberg，2006.

[130] 张静婕. 涂层刀具切削热传导和切削温度的研究[D]. 济南：山东大学，2017.

[131] 王宝林. 钛合金 TC17 力学性能及其切削加工特性研究[D]. 济南：山东大学，2013.

[132] 李友生，邓建新，张辉，等. 高速车削钛合金的硬质合金刀具磨损机理研究[J]. 摩擦学学报，2008（5）：443-447.

[133] BIERMANN D H . Experimental investigation of tool wear and chip formation in cryogenic machining of titanium alloys[J]. Advances in Manufacturing, 2015, 3（4）: 292-299.

[134] TAKEYAMA H，MURATA R. Closure to discussion of basic investigation of tool wear [J]. Journal of Engineering for Industry，1963，85（1）: 37-38.

[135] USUI E，SHIRAKASHI T，KITAGAWA T. Analytical Prediction of Three dimensional cutting process part 3: cutting temperature and crater wear of carbide tool[J]. Journal of Manufacturing Science and Engineering, 1978, 100（2）: 236-243.

[136] 牟涛. 高速铣削钛合金 Ti6Al4V 的刀具磨损研究[D]. 济南：山东大学，2009.

[137] 黄晓斌. EA4T 车轴深孔钻削切屑形态及刀具磨损的研究[D]. 太原：中北大学，2015.

[138] 宋新玉. 镍基合金 Inconel718 高速切削刀具磨损机理研究[D]. 济南：山东大学，2010.

[139] SUN Y，SUN J，LI J，et al. Modeling of cutting force under the tool flank wear effect in end milling Ti6Al4V with solid carbide tool[J]. International Journal of Advanced Manufacturing Technology，2013，69（9/10/11/12）: 2545-2553.

[140] ZHANG N，SHI Y. A 3-D instantaneous cutting force prediction model of indexable disc milling cutter for manufacturing blisk-tunnels considering run-out[J]. The International Journal of Advanced Manufacturing Technology, 2019, 103（9/10/11/12）: 4029-4039.

[141] 黄迪. 金属切削区域温度场建模研究[D]. 武汉：华中科技大学，2014.

[142] 朱大虎，庄可佳. 一种考虑后刀面磨损的涂层刀具稳态温度场预测方法：CN108256244A [P]. 2018-07-06.

[143] ZHANG N，SHI Y. Improvement of cutting force and material removal rate for disc milling TC17 blisk tunnels using GRA-RBF-PSO method [J]. Proceedings of the institution of Mechanical Engineers Part C-Journal of Mechanical Engineering Science，2019，233（16）: 5556-5567.

[144] SHI B，LI Y，YU X，et al. A modified particle swarm optimization and radial basis

function neural network hybrid algorithm model and its application[J]. Proceedings of the Wri Global Congress on Intelligent Systems，2009（1）：134-138.

[145] KARAYIANNIS N B，MI G W. Growing radial basis neural networks：merging supervised and unsupervised learning with network growth techniques[J]. IEEE Transactions on Neural Networks，1997，8（6）：1492-1506.

[146] 周文冬. 基于 PSO 的自组织 RBF 神经网络优化设计及应用研究[D]. 北京：北京工业大学，2016.

[147] 周维华. RBF 神经网络隐层结构与参数优化研究[D]. 上海：华东理工大学，2014.

[148] 周超，殷坤龙，曹颖，等. 基于集成学习与径向基神经网络耦合模型的三峡库区滑坡易发性评价[J]. 地球科学，2020，45（6）：1865-1876.

[149] 张楠，史耀耀. 基于 GRA-RBF-FA 的整体叶盘通道盘铣加工多目标参数优化[J]. 西北工业大学学报，2019，37（1）：160-166.

[150] KARAYIANNIS N B. Reformulated radial basis neural networks trained by gradient descent[J]. IEEE Transactions on Neural Networks，1999，10（3）：657-671.

[151] 毛颖超. 基于模糊算法和径向基神经网络的聚类研究[D]. 大连：大连理工大学，2020.

[152] ELANAYAT V T S，SHIN Y C. Radial basis function neural network for approximation and estimation of nonlinear stochastic dynamic systems[J]. IEEE Transactions on Neural Networks，1994，5（4）：594-603.

[153] 张利彪，周春光，马铭，等. 基于粒子群算法求解多目标优化问题[J]. 计算机研究与发展，2004，41（7）：1286-1291.

[154] KENNEDY J，EBERHART R. Particle Swarm Optimization[C]//Icnn95-international Conference on Neural Networks，2002.

[155] ZHANG N，JIANG G J，ZHOU J. Reliability-based interval optimization for the disc-mill cutter machining TC17 blisk-tunnel[J]. International Journal of Performability Engineering，2019，1（15）：35-44.

[156] 李远平，蔡远利，李济生. 基于改进粒子群算法的月地转移轨道优化[J]. 工程力学，2020，37（3）：247-253.

[157] SHI Y H，Eberhart R C. Empirical study of particle swarm optimization[C]. //Congress on Evolutionary Computation，2002.

[158] EBERHART，SHI Y. Particle swarm optimization：developments，applications and resources [C]. //Congress on Evolutionary Computation，2002.

[159] PARESOPOULOS K E, VRAHATIS M N. Recent approaches to global optimization problems through particle swarm optimization[J]. Natural Computing, 2002, 1(2/3): 235-306.

[160] BERGH F V D, ENGELBRECHT A P. A cooperative approach to particle swarm optimization[J]. IEEE Transactions on Evolutionary Computation, 2004, 8 (3): 225-239.

[161] LIU B, WANG L, JIN Y H, et al. Improved particle swarm optimization combined with chaos[J]. Chaos Solitons & Fractals, 2005, 25 (5): 1261-1271.

[162] 李爱国, 覃征, 鲍复民, 等. 粒子群优化算法[J]. 计算机工程与应用, 2002, 38 (21): 1-3.

[163] 李甜甜. 基于改进粒子群算法的超参数优化问题的研究[D]. 西安: 西安电子科技大学, 2020.

附录　刀具磨损演变图

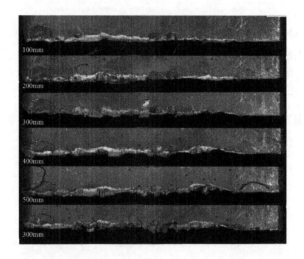

附图 1　切削直角通道第 1 组左侧刀片后刀面磨损演变图（v=75m/min,
f_c=0.030mm/z）

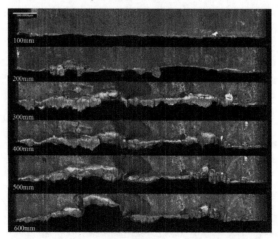

附图 2　切削直角通道第 1 组中间刀片后刀面磨损演变图（v=75m/min,
f_c=0.030mm/z）

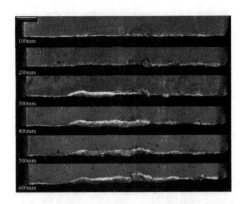

附图 3　切削直角通道第 1 组右侧刀片后刀面磨损演变图（v=75m/min，f_c=0.030mm/z）

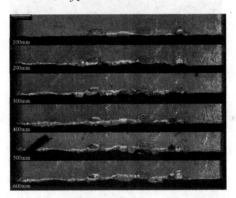

附图 4　切削直角通道第 1 组左侧刀片后刀面磨损演变图（v=90m/min，f_c=0.045mm/z）

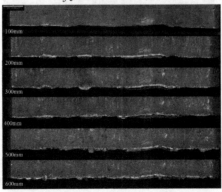

附图 5　切削直角通道第 1 组中间刀片后刀面磨损演变图（v=90m/min，f_c=0.045mm/z）

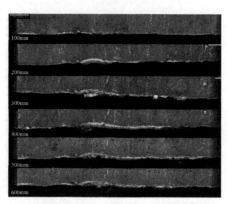

附图 6　切削直角通道第 1 组右侧刀片后刀面磨损演变图（v=90m/min，f_c=0.045mm/z）

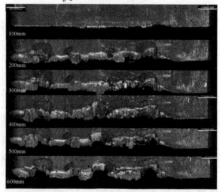

附图 7　切削直角通道第 7 组左侧刀片后刀面磨损演变图（v=75m/min，f_c=0.030mm/z）

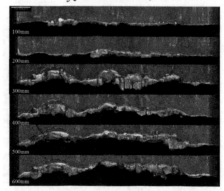

附图 8　切削直角通道第 7 组中间刀片后刀面磨损演变图（v=75m/min，f_c=0.030mm/z）

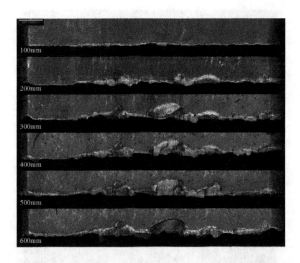

附图 9 切削直角通道第 7 组右侧刀片后刀面磨损演变图（v=75m/min,
f_c=0.030mm/z）

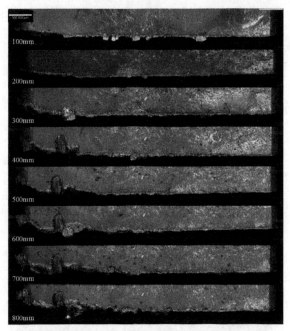

附图 10 切削斜角通道第 1 组左侧刀片后刀面磨损演变图（v=60m/min,
f_c=0.045mm/z）

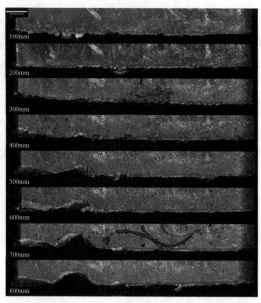

附图 11　切削斜角通道第 1 组中间刀片后刀面磨损演变图（v=60m/min，f_c=0.045mm/z）

附图 12　切削斜角通道第 1 组右侧刀片后刀面磨损演变图（v=60m/min，f_c=0.045mm/z）

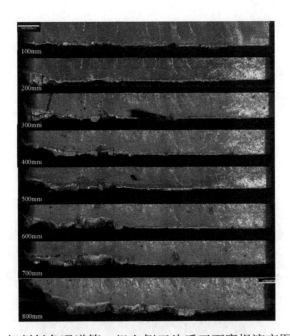

附图 13 切削斜角通道第 7 组左侧刀片后刀面磨损演变图（v=60m/min, f_c=0.045mm/z）

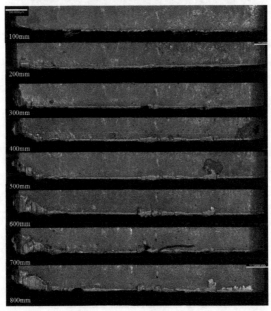

附图 14 切削斜角通道第 7 组中间刀片后刀面磨损演变图（v=60m/min, f_c=0.045mm/z）

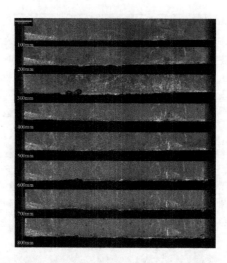

附图 15　切削斜角通道第 7 组右侧刀片后刀面磨损演变图（v=60m/min,
f_c=0.045mm/z）

附图 16　切削斜角通道第 1 组左侧刀片后刀面磨损演变图（v=90m/min,
f_c=0.045mm/z）

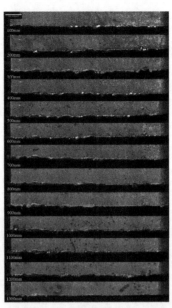

附图 17 切削斜角通道第 1 组中间刀片后刀面磨损演变图（v=90m/min，f_c=0.045mm/z）

附图 18 切削斜角通道第 1 组右侧刀片后刀面磨损演变图（v=90m/min，f_c=0.045mm/z）